浙江省一流本科专业建设成果教材

绍兴文理学院重点教材

药物合成
实验教程

主 编 杜 奎

副主编 曹先婷 邓莉平 盛 力

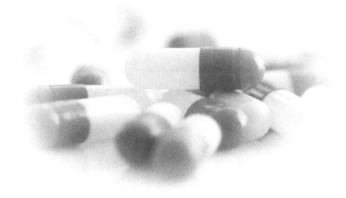

厦门大学出版社
XIAMEN UNIVERSITY PRESS
国家一级出版社
全国百佳图书出版单位

图书在版编目（CIP）数据

药物合成实验教程 / 杜奎主编；曹先婷，邓莉平，盛力副主编. -- 厦门：厦门大学出版社，2024.4
　　ISBN 978-7-5615-9270-0

　　Ⅰ．①药… Ⅱ．①杜… ②曹… ③邓… ④盛… Ⅲ．
①药物化学-有机合成-化学实验-高等学校-教材
Ⅳ．①TQ460.31-33

中国国家版本馆CIP数据核字(2024)第017637号

责任编辑	郑　丹　杨红霞	
美术编辑	张雨秋	
技术编辑	许克华	

出版发行　**厦门大学出版社**

社　　　址	厦门市软件园二期望海路 39 号
邮政编码	361008
总　　　机	0592-2181111　0592-2181406(传真)
营销中心	0592-2184458　0592-2181365
网　　　址	http://www.xmupress.com
邮　　　箱	xmup@xmupress.com
印　　　刷	厦门市金凯龙包装科技有限公司

开本	787 mm×1 092 mm　1/16
印张	8.25
字数	180 千字
版次	2024 年 4 月第 1 版
印次	2024 年 4 月第 1 次印刷
定价	30.00 元

本书如有印装质量问题请直接寄承印厂调换

厦门大学出版社
微信二维码

厦门大学出版社
微博二维码

前　言

　　"药物合成实验"课程是药学相关专业本科生与科研院所或者制药企业衔接的重要实验课程。该课程旨在培养学生动手能力、自学能力、观察和思维理解能力、分析与解决问题能力以及创新意识,培养学生良好的实验工作习惯,实事求是、严谨的科学态度,以及将理论联系实际的能力。通过对这门课程的学习,可以进一步巩固课堂理论知识,为今后的学习和科学研究打下良好的基础。

　　本书分为五章正文和附录。第一章为药物合成实验基础知识,主要介绍实验开始前的准备工作、实验过程中的危险防范与处理、实验报告的记录和文献调研方法。第二章为药物合成基础操作及实验技术,从药物合成的 4 个典型过程进行介绍。第三章为基础实验部分,收集了 16 个实验,包括常见纯化实验和基础合成实验,目的是加深学生对药物合成流程的认识,增强学生的动手操作能力。第四章是综合实验,收集了 8 个实验,均为常见药物分子的合成,每个实验均超过两步反应,涉及药物合成的全过程。第五章为设计性实验,选取了两个典型的药物,锻炼学生在药物分子合成路线设计和分离纯化中自主解决问题的能力。附录列出了书中实验涉及的反应机理,药物合成常用试剂、仪器及装置,常用试剂的中英文名称及 CAS 号,以方便读者查阅。我们努力按照学生对知识的认知规律来编写,从基础知识到基础实验,再到综合实验,最后到设计实验。

本书由杜奎主编，济宁医学院曹先婷、绍兴文理学院邓莉平、浙江医药股份有限公司盛力为副主编。参与编写的人员还有绍兴文理学院徐慧婷、胡纯琦，天津工业大学孙跃，济宁医学院王凯。在编书的过程中，得到绍兴文理学院重点教材项目经费资助，以及绍兴文理学院生物医药产业学院、生物医药产教融合教学团队的大力支持。在此一并表示衷心的感谢！

鉴于编者水平有限，编写过程中难免存在不足之处，衷心期望广大读者对本书提出意见和建议。

编者

2024 年 3 月

目 录

第一章　药物合成实验基础知识

药物合成实验是在有机合成实验的基础上,进一步走向应用性的实验课程。药物合成实验在实验室规定、实验室安全、实验操作和实验报告等方面,都与有机合成实验有一些区别,在本实验教材中有所体现。

一、药物合成实验室规定

由于药物合成化学实验室中化学反应的固有风险和不可预见性,为了确保合成人员的安全、实验室溶剂和试剂的妥善管理、实验室物品的适当摆放,以及对合成操作和危险反应的有效处理,制定并严格执行以下规定。这些规定旨在培养合成人员良好的工作习惯,保障实验室的安全。

(一)进入实验室前

药物合成实验人员进入实验室之前,应该认真阅读实验室安全守则。

(1)检查设备是否完好无损,仪器设置是否正确,只有在主管教师的同意下,实验才可以进行。

(2)在进行有潜在危险的实验时,根据具体的实验条件需要采取必要的安全措施,实验过程中,不能离开岗位。

(3)当使用易燃或爆炸性物质时,要与明火保持安全距离。严禁在实验室内进食、饮水或吸烟。

(4)熟悉消防器材、沙箱和急救箱等安全设备的位置和使用方法。要安全储存和维护这些安全工具和急救箱,不要将它们用于其他目的。

(二)实验操作期间

(1)进入药物合成实验室的人员,在实验操作期间必须穿长袖实验服,佩戴安全眼镜和适当的防护手套。

(2)在实验期间,实验人员不得打闹、追逐或无故大声喊叫。

(3)爱护共享仪器和工具,要在指定位置使用,如出现仪器损坏的情况,应进行登记和更换手续,节约用水、电、气和化学药品。

(三)实验完成后

(1)实验完成后离开通风橱时,必须将通风橱门关闭至距离桌面 20 cm 以下。

(2)应加强防火和防盗措施,在实验室和储物间存放化学药品和试剂时,确保安全。

(3)实验完成后离开实验室时,须关闭水、电、气和其他开关。清洁实验仪器,整理实验室后,方可离开。

(4)严格遵守废液处理原则,所有废液必须倒入废液容器中。对于特殊废液(如强酸、强碱、低沸点溶剂),应分别放置在不同的容器中,严禁混合。避光、远离热源,以免发生不良化学反应。废液储存容器必须贴上标签,写明种类和储存时间等。

二、药物合成实验室安全

由于大多数药物合成反应中使用的化学品具有毒性、易燃性、腐蚀性或爆炸性,并且大部分仪器是由玻璃制品制成的,因此必须避免粗心大意,防止割伤、烧伤、火灾、中毒或爆炸等事故的发生。需要认识到化学实验室是一个存在潜在危险的地方,但只要严肃对待安全问题,提高警惕,严格遵守操作规程并加强安全措施,就可以减少事故发生。下面介绍实验事故的预防、处理和急救。

(一)实验室事故预防及处理

1. 火灾的预防及处理

在常用易燃有机溶剂的实验室中,预防火灾至关重要。其注意事项主要包括以下几个方面:

(1)在处理易燃溶剂时,要远离火源,避免将易燃液体放在开放火焰上直接加热。常见易燃溶剂见附录 2。

(2)在进行易燃物质实验时,应先移开酒精或类似易燃材料。

(3)蒸馏设备不能漏气。如果发现泄漏,立即停止加热并检查原因。蒸馏设备的排气口应该远离任何引火源。最好使用橡胶管将气体引向下水道或户外。

(4)在回流或蒸馏低沸点易燃液体时,应当采取预防措施,如加入适量沸石、烧结玻璃片或单侧封闭的毛细管。如果在加热后未添加这些物质,不要惊慌或急于打开瓶子添加,应在停止加热后等待蒸馏液冷却后再添加。否则,由于液体沸腾溢出可能发生事故。严禁使用明火。瓶中的液位不应超过容量的 2/3。

(5)使用油浴加热时,必须防止油溅到热源,防止凝结水进入油内而引发火灾。

(6)在处理大量易燃液体或挥发性物质时,应在通风橱或室内无引火源的指定区域进行操作。实验室一旦发生火灾,不要惊慌,应根据情况进行火灾处理,具体包括:①立即关闭气灯、熄灭其他火源、切断主电源开关、移除可燃物等防止火势扩散。②立即进行灭火,在有机化学实验室中,通常采用隔离燃烧物质与空气来灭火。不应使用水,因为可能引起更大的火灾。在火灾初期不要用口吹,应使用灭火器、灭火毯或其他设备。如果火势较小,着火的器具较小,可以用湿布或石棉板等进行灭火。例如,如果瓶胆或烧瓶内发生火灾,可以用石棉板或瓷片盖住,隔绝空气而灭火。常用灭火器材的性能和特点见表 1-1。

表 1-1　常用灭火器材的性能及特点

灭火器材类型		成分	灭火特点及使用范围	优缺点
灭火器类	二氧化碳灭火器	液态二氧化碳	适用于忌水的化学药品、电器设备和小范围油类着火	优点:价格低廉,灭火不留痕迹 缺点:冷却作用差,易使救火人员窒息
	泡沫灭火器	硫酸铝和碳酸氢钠	适用于油类着火	优点:使用方便 缺点:后处理麻烦
	干粉灭火器	碳酸氢钠等盐类和适量润滑剂、防潮剂	适用于油类着火,可燃性气体、电器设备和图书文件等物品的初期着火	优点:易于储存和运输,适用范围广 缺点:冷却效果弱,难以扑救阴燃火灾
灭火毯类	纯棉灭火毯	全棉棉纱线及阻燃材料	适用于家庭、宾馆、娱乐场所、加油站等容易着火场合,防止火势蔓延	耐腐蚀、抗氧化、耐磨损,使用寿命长
	石棉灭火毯	石棉不燃物		隔绝空气,火焰熄灭速度快
	玻璃纤维灭火毯	特殊处理的玻璃纤维斜织物		光滑、严密、松软,不刺激皮肤

2.爆炸的预防

药物合成实验开始前,应该对所使用的药品的化学性质进行了解和分析,预防药物合成实验发生爆炸的措施包括:

(1)蒸馏装置不能完全密封,以保持大气压。进行减压蒸馏时,应使用圆底烧瓶作为接收器,而不是锥形瓶,以防止发生破裂。

(2)避免将易燃气体靠近火源。有机溶剂(如醚类和汽油)与空气混合时极为危险,即使是一个热表面或火花也可能引发爆炸。

(3)在使用乙醚等物质时,必须检查过氧化物的存在。如果检测到过氧化物,应立即使用亚铁硫酸盐去除。使用乙醚应在通风良好的区域或通风橱内进行。

(4)易爆固体如重金属乙炔化物、苦味酸金属盐和三硝基甲苯等不应受到过高压力或冲击,以避免引发爆炸。这些有害残留物应小心处理。

3. 中毒的预防及处理

药物合成实验中,常常接触到有毒的药品,具体的预防措施有:

(1)剧毒药品应该妥善存放,不得随意摆放。对于实验中使用的剧毒物质,应指定专人负责分发,并告知使用者必须遵守操作规程。实验结束后,剧毒残留物必须妥善、有效地处理,不能随意丢弃。

(2)有些剧毒物质可以渗入皮肤,因此在处理这些物质时必须戴上橡胶手套。处理完毕后应立即洗手。例如,如果氰化钠接触到伤口,可能进入血液循环,导致严重中毒或者其他伤害。

(3)在反应过程中可能产生有毒或腐蚀性气体的实验应该在通风橱中进行,并及时清洗使用过的容器。在使用通风橱时,实验开始后不要将头伸进橱内。

在发生药品中毒后,可以采取以下措施处理:

(1)有毒物质溅入口中且尚未吞咽,立即将其吐出,用大量水漱口。

(2)如果已经吞咽,根据毒物性质立即服用解毒剂,并立即就医。

(3)对于腐蚀性毒物,比如误食强酸,可先喝大量水,然后服用氢氧化铝和蛋清。若误食强碱,先喝大量水,然后服用醋、果汁和蛋清。无论是酸性还是碱性中毒,都可摄入牛奶,并避免呕吐。对于吸入气体中毒,将患者移到室外,松开衣领和纽扣。

(二)实验室事故的急救

1. 玻璃划伤处理

玻璃划伤是常见的事故。受伤后,仔细观察伤口是否有玻璃碎片,如有,先取出玻璃碎片。如果伤情不严重,进行简单的急救处理,如涂碘伏后用纱布包扎。如果伤口大量出血,用纱布紧紧地绕在离伤口约 10 cm 处(近心端),减缓出血并施加压力止血,立即就医。

2. 化学灼伤处理

酸灼伤:皮肤被酸液灼伤时,立即用大量清水冲洗,然后用 5% 碳酸氢钠溶液进行冲洗,涂药膏,包扎伤口。如果眼睛被酸液灼伤,擦去眼睛表面的酸液,立即用水冲洗。使用冲洗杯或将橡胶管连接到水龙头上,以流动水冲洗眼睛。就医后用稀碳酸氢钠溶液冲洗,最后滴入几滴蓖麻油。如果衣物被酸液溅到,先用水浸湿,撒上石灰粉,再用水冲洗。

碱灼伤:皮肤被碱液灼伤,先用水冲洗,然后用饱和硼酸溶液或 1% 醋酸溶液冲洗,涂药膏,包扎伤口。如果眼睛被碱液灼伤,擦掉眼睛表面的碱液,用水冲洗,然后用饱和硼酸溶液冲洗,最后滴入蓖麻油。如果衣物被碱溅到,用水冲洗,然后用 10% 醋酸溶液洗,用氢氧化铵中和多余的醋酸,最后用水冲洗。

溴灼伤:如果皮肤上溅到溴液,立即用水冲洗,涂抹干燥油,对受伤区域涂抹灼伤膏。如果眼睛因溴蒸气刺激而暂时无法睁开,可对着装满酒精的瓶口,让溴蒸气进入瓶内。

三、药物合成实验常见注意事项

药物合成实验涉及较多综合性实验,需要多步反应和后处理才可完成,本节针对药物合成的常见基本操作注意事项进行总结。

(一)实验装置安装及拆卸规范

药物合成反应往往涉及多步合成,一套装置在搭建和安装的时候,应该考虑到拆卸和再组装的便利,具体注意点有:

(1)在组装实验装置时需要遵循一定的标准。仪器需要在垂直和水平方向上对齐,并且从前到后正确放置。组装顺序应该从下往上、从左往右进行。例如,在组装蒸馏或回流装置时,首先确定底部加热源的位置,然后放置圆底烧瓶,然后确定蒸馏头、冷凝管等仪器的位置。重型仪器如恒压滴液漏斗和冷凝管必须单独牢固地夹紧。铁夹子必须套上橡皮管,以防止其直接接触玻璃。对于涉及加热、回流或释放气体的反应装置,必须确保其与大气连接或与气体储存袋连接。反应装置的大小应适当,反应物体积占反应瓶容积的 $1/3 \sim 2/3$。

(2)反应结束后,应立即按照从上到下、从左往右的顺序,根据后续反应的需要,进行装置的拆卸。

(二)加热及冷却操作

1. 加热操作

在加热操作过程中,必须有人负责值班。此外,工作台必须保持清洁,没有其他杂乱物品,尤其是易燃液体。实验室中最常用的加热方法是水浴、油浴和电热套加热。具体选择条件如下:

(1)当加热温度介于室温和 100 ℃ 之间时,可以使用水浴加热。然而,在使用金属钠、钾或进行无水操作时,不应使用水浴加热,因为这可能会导致实验失败甚至引起火灾事故。

(2)油浴加热适用于室温至 250 ℃ 的温度范围,在实验室中被广泛使用。它适用于无水操作和其他应用。常用的油浴介质是甲基硅油,但有时也可以使用植物油、甘油、液体石蜡、真空泵油等。

2.冷却操作

实验中根据不同的低温要求,可以采用不同的冷却方法。

(1)使用干冰与乙醇、乙醚、丙酮等混合物可以达到-50 ℃至-78 ℃的温度范围。除了防止冻伤外,还必须特别注意防火,因为乙醇、乙醚、丙酮等物质都是易燃液体。

(2)液氮用于冷却,可以降至-196 ℃的温度。在处理液氮时,必须戴上低温手套。使用杜瓦瓶时要小心,避免破碎或溢出液氮。

(三)干燥操作

干燥方法通常可以分为物理干燥方法和化学干燥方法:

(1)物理干燥方法包括吸附、蒸馏、共沸蒸馏、冷冻干燥、自然风干、真空干燥、微波干燥、红外干燥等。对于固体的干燥,常用物理方法。如果固体中含有易燃或易爆溶剂,禁止使用红外干燥,以防止溶剂着火而发生火灾事故。在使用真空烘箱进行干燥时,要注意观察真空计,避免超过真空烘箱所能承受的负压范围,以防止烘箱爆炸。在干燥液体时,要选择适当的干燥剂,防止干燥剂与液体发生反应。

(2)化学干燥方法涉及干燥剂与水之间的反应。常见的干燥剂包括硫酸钙、氯化钙、硫酸镁、硫酸钠、金属钠、氧化钙、五氧化二磷、氢化钙等。

(四)蒸馏操作

(1)常压蒸馏操作是药物合成实验中常见的蒸馏操作,可以实现对不同沸点的液体的分离。通过玻璃漏斗将待蒸馏液体倒入烧瓶中,加入几粒沸石,并装配温度计、蒸馏头、冷凝管和接收瓶等。仔细检查仪器的各个部分是否连接紧密。使用水进行冷凝时,冷水应从下部口进入,从上部口流出。开始加热,烧瓶中的液体开始沸腾,蒸汽上升,温度计显示读数。调节加热温度,控制蒸馏速度。当某个低沸点馏分蒸馏完毕并且温度稳定时,更换一个干燥的接收瓶来收集馏分。在所需馏分蒸馏完毕后,先停止加热,待其冷却并且不再有液体蒸出时,停止冷凝水的流动,拆卸仪器并及时清洗。禁止在高温下拆卸冷凝管,防止蒸馏产品堵塞冷凝管,导致内部压力升高引起蒸馏瓶爆裂。

(2)进行减压蒸馏操作时应先搭好装置,开启真空泵,检验整个装置的气密性。确认气密性后,缓慢开启缓冲瓶的活塞,关闭真空泵,恢复常压状态。使用玻璃漏斗将待蒸馏物质加入蒸馏瓶中,开启真空泵,等待达到所需真空度后再开始加热。控制加热温度,让蒸汽缓缓进入冷凝管。推荐的蒸馏速率是1～2滴/s。当开始收集馏分时,记录沸点和真空度。如果待蒸馏物中有不同的馏分,可以通过旋转尾接管分别收集。蒸馏结束后,先停止加热,稍微冷却后,慢慢松开安全瓶上的活塞,使系统与大气相通。关闭真空泵,关闭冷却水,拆卸仪器并及时清洗。停止蒸馏时,一定要先停止加热,待冷却后再慢慢关闭真空泵。操作顺序不正确会导致物料剧烈沸腾，严重时可能引发爆炸。进行操作时务必穿实验服，佩戴防护眼镜、手套。

(五)重结晶操作

重结晶操作是药物合成实验中的常见操作，常见方法包括加热法、常温法和减少溶剂降温法，有以下几点需要注意：

(1)溶剂的沸点需要比被结晶物质的熔点低 50 ℃以上，否则易产生溶质液化分层现象。

(2)快速冷冻会造成产品难以析出或者析出的纯度较低。

(3)根据产品的化学性质，合理地选择重结晶溶剂，例如含有羟基、氨基而且熔点不太高的物质，尽量不选择含氧溶剂。

(六)过滤操作

药物合成实验的过滤包括一般常压过滤和减压抽滤，注意事项包括：

(1)普通的过滤操作中，应注意"一贴二低三靠"。

(2)减压抽滤应注意检查布氏漏斗和抽滤瓶之间连接是否紧密，抽气泵连接口是否漏气，过滤完之后，先抽掉抽滤瓶接管，后关抽气泵，避免发生倒吸。

四、实验记录和报告

学生必须在课程开始时仔细阅读本书实验部分的一般基础知识。在进行每个实验前，需要进行充分的准备，实验时做好实验记录，并撰写实验报告。

(1)预习：为了达到实验的预期结果，需要提前进行充分的预习和准备工作。在预习阶段，除了反复阅读实验内容、掌握实验原理和了解实验步骤和注意事项外，还应在实验记录本中编写准备概要。以样品制备实验的准备概要为例，应包括以下内容：实验目标；主反应和主要副反应的反应方程；原材料、产物和副反应的数量，以及理论收率和仪器设备的准确图示。

(2)实验记录及报告：实验记录是对实验过程的如实记录，实验记录本上的记录构成了对所做实验的原始依据，应该准确和全面地反映化学实验的全过程和所发生的现象。实验报告应包括实验的目的和要求、物料信息、反应方程、操作记录、实验分析等。报告应填写准确、措辞简明、讨论详尽。实验报告模板如表1-2所示。实验步骤的描述不应直接从书本上复制，而应提供对进行的所有实验内容的摘要描述。实验报告应包括以下部分：实验题目；实验目的；反应式、主反应、副反应；主要试剂及产物的物理常数；仪器装置图；实验步骤和现象记录；产品外观、质量、产率；讨论。

表 1-2　实验记录及报告模板

日期				天气				
实验人				指导老师				
实验名称				实验批号				
实验目的								
实验内容	投料前	物料名称	投料量	分子量	物质的量	物质的量比	来源	
	反应方程	总反应						
		主反应						
		副反应 1						
		副反应 2						
	操作记录	实验步骤				实验现象及反应监控		
实验分析	谱图分析							
	产物纯度							
	收率							
	结果与讨论							
	参考文献							

五、实验文献检索

(一)常用数据库介绍

在进行药物创新工艺开发和新路线设计时,需要从大量的文献资料中找到合适的反应条件和相关中间体。药物合成相关的文献数量巨大,获得需要的相关信息难度大、耗时多。随着电子数据库的扩充与发展,这项工作变得越来越简单。药物合成过程中,常见的数据库包括 SciFinder、Reaxys 和 Web of Science 等。

1. SciFinder 数据库

SciFinder 数据库(图 1-1)是 CA(《化学文摘》)的网络版数据库,它收录了全世界 9500 多种主要期刊和 50 多家合法专利发行机构的专利文献中公布的研究成果,囊括了大量自 20 世纪以来与化学相关的资料,以及大量生命科学及其他科学学科方面的信息。

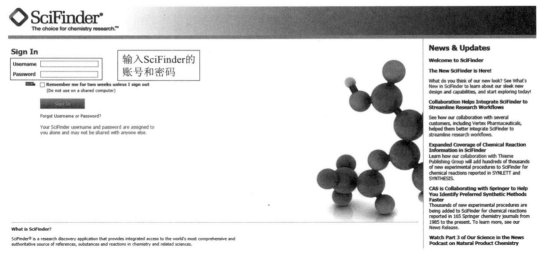

图 1-1　SciFinder 登录界面

SciFinder 数据库的学科领域覆盖普通化学、农业科学、医学科学、物理学、地质科学、生物和生命科学、工程科学、材料科学、聚合物科学和食品科学等。截至 2022 年 12 月,数据库涵盖的主要数据包括:CAplus(5900 万条文献记录,涵盖 10000 余种现存期刊,63 个专利发行机构)、Medline(大于 2300 万条文献记录)、Registry(2.04 亿种有机和无机物质,7.2 亿个序列)、Chemlist(近 31 万条化学品信息)、CASReact(1.5 亿条单步和多步反应)、Chemcats(化学品来源信息,超过 6500 万条商业化学物质记录,7000 万种独立 CAS 登记号,870 家供应商的 980 余种目录)、Marpart(2390 万条专利记录)。SciFinder 数据库每天更新。

SciFinder 数据库可以进行文献检索(图 1-2)、物质检索(图 1-3)和反应检索(图 1-4)。

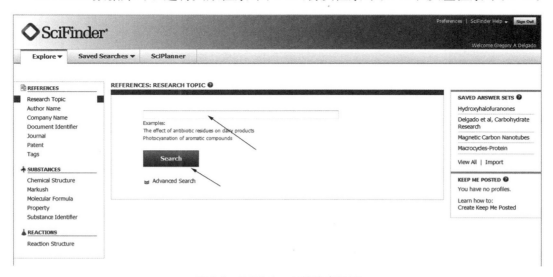

图 1-2　SciFinder 文献检索界面

图 1-3　SciFinder 物质检索界面

图 1-4　SciFinder 反应检索界面

2. Reaxys 数据库

Reaxys 数据库(图 1-5)给出了超过 100 万种化学结构、反应和性质的信息,在药物合成和化合物的鉴定方面等应用广泛。

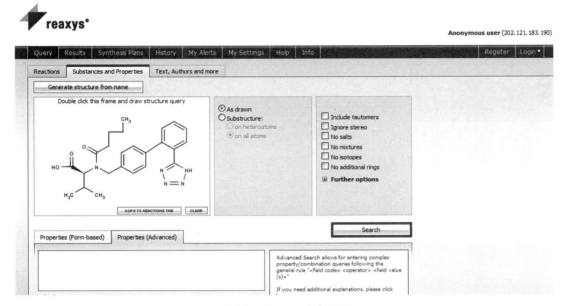

图 1-5 Reaxys 检索界面

数据源主要有:Beilstein 手册(收录了 1920—1980 年间世界各国的一部分有机化学专利);Gmelin 手册(无机化学、金属有机化合物结构和性质的历史信息来源);专利化学数据库(主要是选择性地从英语化学专利中提取的有机化学信息)。

3. Web of Science 数据库介绍

Web of Science(图 1-6)是获取全球学术信息的重要数据库,它收录了全球 13000 多种权威的、具有高影响力的学术期刊,内容涵盖自然科学、工程技术、生物医学、社会科学、艺术与人文等领域。Web of Science 收录了论文中所引用的参考文献,通过独特的引文索引,用户可以用一篇文章、一个专利号、一篇会议文献、一本期刊或者一本书作为检索词,检索它们被引用的情况,轻松回溯某一研究文献的起源与历史,或者追踪其最新进展,可以越查越广、越查越新、越查越深。

Web of Science 中的 Science Citation Index-Expanded,即科学引文索引,是一个涵盖了自然科学领域多学科的综合数据库,共收录 9000 多种自然科学领域的世界权威期刊,数据最早回溯至 1900 年,覆盖了 177 个学科领域。

Web of Science 核心合集包含 Science Citation Index Expanded(SCI-E,科学引文索引)、Social Sciences Citation Index(SSCI,社会科学引文索引)、Arts & Humanities Citation Index(AHCI,艺术人文引文索引)、Conference Proceedings Citation Index-Science

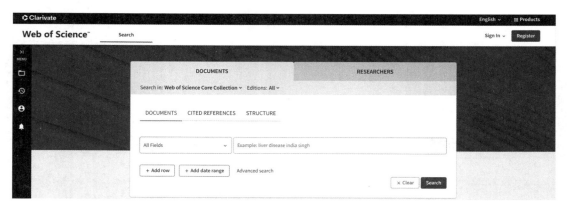

图 1-6　Web of Science 检索界面

（CPCI-S，科技会议论文引文索引）、Emerging Sources Citation Index（ESCI，新兴来源引文索引）、Index Chemicus（检索新化合物）和 Current Chemical Reactions（检索新化学反应）。

第二章 药物合成基础操作及实验技术

随着药物合成实验的发展,制药企业的药物合成设备、药物合成技术都有了很大的进步,因此,如何跟上药物合成的进展,是一个很重要的问题。目前大多数的教材,仍然局限于基础有机实验装置,需要进一步更新。本章将从药物合成实验投料、反应跟踪技术、后处理和结构确证四个方面,进行药物合成实验基础介绍。

一、投料过程

(一)投料流程

在药物合成实验中,投料是第一步,也是最重要的环节之一。合理的投料操作流程为:

(1)查阅相关资料,理解反应机理,熟悉所使用的反应试剂的化学性质。

(2)设计反应过程,确定搅拌方式、投料比、投料顺序、溶媒类型和用量、加热方式、反应温度和反应时间等。

(3)根据反应过程,选择合适的反应仪器(图 2-1),并进行装置的搭建。

(4)按照设计的投料方案进行投料。

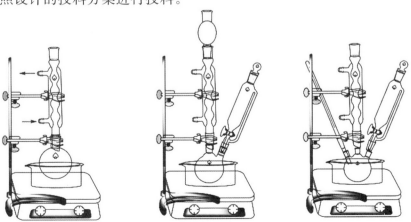

图 2-1 药物合成实验常见反应装置

(二)投料注意事项

（1）可直接加入的固体原料：一般情况下，固体原料都加到反应溶剂中，可以避免原料加到一起时发生剧烈反应。可以一次性加入，也可以分批加入。另外，对于一些对空气或水敏感的试剂，可以先加入反应瓶中，在惰性气体置换后，再加入反应溶剂，这样可以减少敏感试剂和空气的接触时间。

（2）需溶解后加入的固体：将固体溶于少量的反应溶剂后，通过注射器或滴液漏斗加入。

（3）如果以液体底物作为溶剂，可以直接加入反应瓶中。对于一些剧烈放热的反应，或者需要缓慢滴加的反应，可以用反应溶剂稀释液体底物后，通过注射器滴加或滴液漏斗滴加。

（4）气体底物投料：实验室中常用的气体有氢气、一氧化碳、二氧化碳、氨气等。在进行气体投料时，应检查装置气密性，并进行多次气体置换，以保证反应体系中充满反应气体。

（5）缓慢滴加操作：固体溶液和液体的加料经常需要滴加操作。可以用滴液漏斗或者注射泵进行滴加，对一些剧烈反应，尽量控制滴加速度。

（6）投料比：投料比通常是合成反应中影响反应物转化率和对产物选择性最显著的因素。投料比的优化方法通常是以一个比例为基准，保持其中一种物料的当量数不变，其他一种或几种物料的当量数在一定范围内变化，变化范围通常遵循"先大后小"原则，即先考察大范围变化（如±50%），以确定基本的变化趋势，然后再考察较小范围的比例变化（如±10%）对反应效果的影响。

（7）投料顺序：应该在充分了解反应机理的基础上，按照一定的顺序投料，哪种投料顺序更有利于机理的顺利发生，就按哪种来。

（8）加料速度：对于有些反应，尤其是放热反应，加料速度直接影响反应的活性和剧烈程度，进而影响对产物的选择性。

（9）反应温度：反应温度直接影响反应物的活性，通常温度升高，反应物分子间相互作用的速率提高，反应速度加快。但是有些反应如果温度较高会降低对目标产物的选择性和产率。但反应温度也不应太低，温度过低反应速度过慢，反应时间太长。因此如何确定反应温度，应在一定温度范围内对其进行单因素考察，重点考察温度对目标产物的选择性和产率的影响。

（10）反应时间：反应时间的确定取决于其中投入量为少量的一种反应物是否完全反应，以及完全反应后继续延长反应时间是否会改善对产物的选择性和提高产率。关键在于采取合适的反应监测方法（过程控制方法），具体实施方式为每隔一段时间取反应液进行监测，直至占少量的反应物未检出即代表反应完全。

（11）溶媒类型和用量：溶媒类型的选择需综合考虑反应物、产物、催化剂等物料在各种溶媒中的溶解性，以及溶媒是否与反应物、产物和催化剂等物料发生反应（尤其是各种物料在某种溶媒中的稳定性）。

二、反应跟踪过程

药物合成反应重点监控方法较多，只有认真分析反应物和产物的性质、反应历程等，才可能找到恰当有效的反应跟踪方法。在药物合成实验中，有的同学只记住有机反应慢，往往认为反应时间长一点总比短一点好，忽视反应终点的监控，副反应大量产生，结果导致产物很少或实验失败。有同学选用的过程监控方法不当，虽然其他操作做得很仔细，但是仍然得到少量的产物，同时杂质很多，如次氯酸氧化法制备环己酮的反应，只记住用反应时间监控终点反应，到 60 min 就终止反应，可能造成产率低，产物混合物成分复杂、难以分离。

在反应跟踪过程中，色谱技术发挥着越来越重要的作用。色谱是一种分离技术，色谱法是利用色谱技术进行分离分析的方法。色谱法是由俄国植物学家茨维特于 1906 年首先提出来的。他把植物色素的石油醚提取液倒入装有碳酸钙吸附剂的直立玻璃管内，再加入石油醚使其自由流出，结果不同色素组分相互分离而形成不同颜色的谱带，由此得名"色谱"。虽该法后来广泛用于无色物质的分离，但"色谱"一词却被沿袭使用。

（一）薄层色谱法

薄层色谱法（thin layer chromatography，TLC）是一种非常有用的跟踪反应的手段（图 2-2），也可以用于柱色谱分离中合适溶剂的选择。薄层色谱常用的固定相有氧化铝或硅胶，它们是极性很大（标准）或者是非极性的（反相）。流动相则是一种极性待选的溶剂。在大多数实验室实验中，都使用标准硅胶板（下文所述薄板均以标准硅胶板为例）。将溶液中的反应混合物点在薄板上，然后利用毛细作用使溶剂（或混合溶剂）沿板向上移动进行展开。根据混合物中组分的极性，不同化合物将会在薄板上移动不同的距离。极性强的化合物会"粘"在极性的硅胶上，在薄板上移动的距离比较短。而非极性的物质会在流动相中保留较长的时间，从而在板上移动较大的距离。化合物移动的距离大小用 R_f 值来表达，这是一个位于 0～1 之间的数值，它的定义为化合物距离基线（最先点样时已经确定）的距离除以溶剂的前锋距离基线的距离。

1. TLC 实验步骤

（1）切割薄板。买来的硅胶板通常都是方形的玻璃板，必须用钻石头玻璃刀按照模板的形状进行切割，目前市售的切割好的板也比较便宜易得。

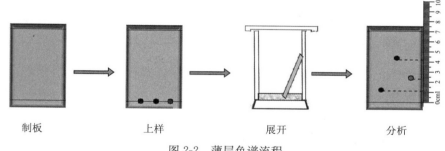

制板　　　　　　上样　　　　　　展开　　　　　　分析

图 2-2　薄层色谱流程

（2）选取合适的溶剂体系。

（3）将 1～2 mL 选定的溶剂体系倒入展开池中,在展开池中放置一大块滤纸。

（4）将化合物在标记过的基线处进行点样,点样管直接使用购买的市售点样管。

（5）展开。让溶剂向上展开约 90% 的薄板长度。

（6）从展开池中取出薄板,并且马上用铅笔标注出溶剂到达的前沿位置。

（7）让薄板上的溶剂挥发掉。

（8）用非破坏性技术观察薄板。最好的非破坏性方法就是用紫外灯进行观察。将薄板放在紫外灯下,用铅笔标出所有有紫外活性的点。同时也可以使用显色剂进行显色。

（9）用破坏性方式观测薄板。当化合物没有紫外活性的时候,只能采用这种方法。使用染色剂时,将干燥的薄板用镊子夹起并放入染色剂中,确保从基线到溶剂前沿都被浸没。用纸巾擦干薄板的背面。将薄板放在加热板上观察斑点的变化。在斑点变得可见且背景颜色未能遮盖住斑点时,将薄板从加热板上取下。

（10）计算 R_f 值。根据初始薄层色谱结果修改溶剂体系的选择。如果想让 R_f 变得更大一些,可使溶剂体系极性更强些;如果想让 R_f 变小,就应该使溶剂体系的极性减小些。如果在薄板上点样变成了条纹状而不是一个圆圈状,那么可能是样品浓度太高了。稀释样品后再进行一次薄板层析,如果还是不能奏效,就应该考虑换一种溶剂体系。

（11）做好 TLC 标记,计算每个斑点的 R_f 值,并且在笔记本中画出图样。

2.合适的溶剂体系

化合物在薄板上移动距离的大小取决于所选取的溶剂的极性大小。在戊烷和己烷等非极性溶剂中,大多数极性物质不会移动,但是非极性化合物会在薄板上移动一定距离。相反,极性溶剂通常会将非极性的化合物推到溶剂的前段,而将极性化合物推离基线。一个好的溶剂体系应该使混合物中所有的化合物都离开基线,但并不使所有化合物都到达溶剂前端,R_f 值最好在 0.15～0.85 之间。虽然这个条件不一定都能满足,但这应该作为薄层色谱分析的目标(在柱色谱中,合适的溶剂应该满足 R_f 在 0.2～0.3 之间)。那么,应该选取哪些溶剂呢? 一些标准溶剂和它们的相对极性如下。

(1)常用溶剂极性对比：

强极性溶剂：甲醇＞乙醇＞异丙醇。

中等极性溶剂：乙腈＞乙酸乙酯＞氯仿＞二氯甲烷＞甲苯。

非极性溶剂：环己烷，石油醚，己烷，戊烷。

(2)常用混合溶剂：

乙酸乙酯/己烷或石油醚：常用浓度 0％～30％。但有时较难在旋转蒸发仪上完全除去溶剂。

乙醇/己烷或戊烷：对强极性化合物 5％～30％比较合适。

二氯甲烷/己烷或戊烷：常用浓度 5％～30％，当其他混合溶剂失败时可以考虑使用。

甲醇/二氯甲烷体系：对强极性化合物 5％～25％比较合适。

3. 合适的显色试剂

根据对 TLC 显色试剂的选择，可以将显色剂分成两大类：一类是检查一般有机化合物的通用显色剂；另一类是根据化合物分类或特殊官能团设计的专属显色剂。显色剂种类繁多，以下只列举一些常用的显色剂。

(1)通用显色剂。

①硫酸常用的有 4 种溶液：硫酸-水（1∶1）溶液；硫酸-甲醇或乙醇（1∶1）溶液；1.5 mol/L 硫酸溶液与 0.5～1.5 mol/L 硫酸铵溶液，喷后 110 ℃烤 15 min，不同有机化合物显不同颜色；0.5％碘的氯仿溶液对很多化合物显黄棕色。

②高锰酸钾试剂：中性 0.05％高锰酸钾溶液可使还原性化合物在淡红背景上显黄色；碱性高锰酸钾试剂可使还原性化合物在淡红色背景上显黄色。

③酸性重铬酸钾试剂：喷 5％重铬酸钾-浓硫酸溶液，必要时 150 ℃烘烤。

④5％磷钼酸-乙醇溶液喷后 120 ℃烘烤，还原性化合物显蓝色，再用氨气熏，则背景变为无色。

(2)专属显色剂。

由于化合物种类繁多，专属显色剂也很多。现将在各类化合物中最常用的显色剂列举如下。

①硝酸银/过氧化氢检出物：卤代烃类。

溶液：硝酸银 0.1 g 溶于 1 mL 水中，加 2-苯氧基乙醇 100 mL，用丙酮稀释至 200 mL，再加 30％过氧化氢 1 滴。方法：喷后置于未过滤的紫外光下照射。结果：斑点呈暗黑色。

②荧光素/溴检出物：不饱和烃。

溶液：A. 荧光素 0.1 g 溶于 100 mL 乙醇中；B. 5％溴的四氯化碳溶液。方法：先喷溶液 A，然后放入盛有溶液 B 的容器内，荧光素转变为四溴荧光素（曙红），荧光消失，不饱和烃斑点由于溴的加成,阻止生成曙红而保留荧光,多数不饱和烃在粉红色背景上呈黄色。

③四氯邻苯二甲酸酐检出物:芳香烃。

溶液:2％四氯邻苯二甲酸酐的丙酮与氯代苯(10∶1)的溶液。方法:喷后置于紫外光下观察。

(二)气相色谱法

流动相为气体的色谱方法称为气相色谱法(图2-3)。

气相色谱对多组分的分离依赖于其核心装置——色谱柱。色谱柱主要分为填充柱与毛细管柱两种类型,其内均填充具有一定特性的固定相物质。色谱分离过程实际上是不同组分与固定相和流动相(载气)发生相互作用的结果。现以填充柱为例说明气-固色谱分离的原理:其固定相是一种具有较大面积的多孔性的颗粒吸附剂。试样被载气带进色谱柱里,立即被这种颗粒吸附剂吸附。载气不断流过颗粒时,被吸附的组分又被洗脱下来。洗脱的组分随着载气继续前进时,又可被前面的吸附颗粒吸附。随着载气的流动,被测组分在吸附剂表面进行反复的吸附、洗脱。由于被测物质中各个组分的性质不同,它们在吸附剂上的吸附能力就不一样,较难被吸附的组分就容易被洗脱,较快地移向前面。容易被吸附的组分就不易被洗脱,向前移动得慢些。经过一定时间,试样中的各个组分彼此分离而先后流出色谱柱。

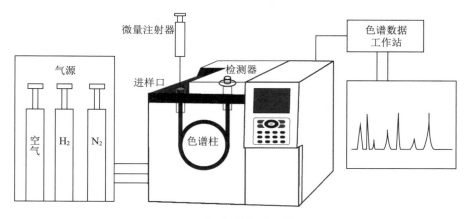

图2-3 气相色谱流程

气相色谱法的适用范围:只要在气相色谱仪允许的条件下可以气化而不分解的物质,都可以用气相色谱法测定。对部分热不稳定物质,或难以气化的物质,通过化学衍生化的方法,仍可用气相色谱法分析。

气相色谱仪在石油化工、医药卫生、环境监测、生物化学、食品检测等领域都得到了广泛的应用。①气相色谱仪在卫生检验中的应用:空气、水中污染物如挥发性有机物、多环芳烃,苯、甲苯等的检验;农作物中残留有机氯、有机磷农药,以及食品添加剂如苯甲酸等的检测;体液和组织等生物材料的分析,如氨基酸、脂肪酸、维生素等。②气相色谱仪在医学检验中的应用:体液和组织等生物材料的分析,如脂肪酸、甘油三酯、维生素、糖类等。③气相色谱仪在药物分析中的应用:抗癫痫药、中成药中挥发性成分、生物碱类药品的检测等。

(三)高效液相色谱法

液相色谱法的分离原理是:溶于流动相中的各组分经过固定相时,由于与固定相发生作用(吸附、分配、离子吸引、排阻、亲和)的大小、强弱不同,在固定相中滞留时间不同,从而先后从固定相中流出。液相色谱流程见图 2-4。

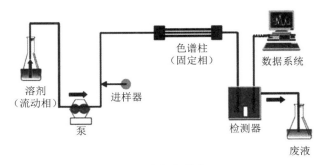

图 2-4　液相色谱流程

液相色谱法开始阶段是用大直径的玻璃管柱在室温和常压下用液位差输送流动相,称为经典液相色谱法。此方法柱效低、时间长(常达几小时)。高效液相色谱法(high performance liquid chromatography,HPLC)是在经典液相色谱法的基础上,于 20世纪 60 年代后期引入气相色谱理论而迅速发展起来的。它与经典液相色谱法的区别是填料颗粒小而均匀,小颗粒具有高柱效,但会引起高阻力,需用高压输送流动相,故又称高压液相色谱法(high pressure chromatography,HPC),又因分析速度快而称为高速液相色谱法。

HPLC 的适用范围:适用于高沸点、热不稳定有机化合物及生化试样等。

三、后处理过程

药物合成实验后处理对于获得合格的产品至关重要。后处理过程主要包括猝灭反应、除去溶剂及部分杂质、产品纯化和反应废液处理。

(一)猝灭反应

猝灭反应的目的是结束反应,中和反应中的活性成分,同时防止或者减少副反应的发生。常见反应体系猝灭方法见表 2-1。

表 2-1　常见反应体系猝灭方法

反应体系	处理方法
HO^-，RO^-	醋酸或者无机酸中和
H^+	用 $NaOH$、$NaHCO_3$ 或 Na_2CO_3 中和
H_2O_2	加入 H_3PO_2 处理
$HClO$，Cl_2，NCS，Br_2，I_2，I^-	$NaHSO_3$，$Na_2S_2O_3$，$Na_2S_2O_5$
H_2NNH_2	$NaClO$
CN^-	$NaClO$，$NaOH$
$AlCl_3$ 等路易斯酸	先加水，之后可以加入酸
硼试剂	加入二乙氧基胺
BH_4^-	加入丙酮、H^+ 或 ROH
AlH_4^-	丙酮、$NaOH$ 碱液
可溶性金属反应体系	柠檬酸水溶液

注:R 表示一个元素或基团。

注意事项:

(1)猝灭时应该控制反应放出的热量,避免产物分解以及可能发生的危险,对于活性比较高的试剂,可以采取分步猝灭的方式进行。

(2)将反应液转移到猝灭试剂溶液中时,可以选择直径大的器皿,同时,加压可能比用泵抽的效果好,因为其转移速度更快。

(3)在进行中和反应体系操作时,首先要考虑的是,在中和过程中产生的盐在体系中的溶解性问题。

(二)除去溶剂及部分杂质

在除去溶剂及部分杂质的操作过程中,主要涉及萃取、活性炭处理、溶剂浓缩。

1. 萃取

萃取原理:利用化合物在两种互不相溶(或微溶)的溶剂中溶解度或分配系数的不同,使化合物从一种溶剂内转移到另外一种溶剂中。经过反复多次萃取,将绝大部分的化合物提取出来。

分配定律是萃取方法理论的主要依据。物质对不同的溶剂有不同的溶解度,在两种互不相溶的溶剂中,加入某种可溶性的物质时,它能分别溶解于两种溶剂中;实验证明,在一定温度下,该化合物与此两种溶剂不发生分解、电解、缔合和溶剂化等作用时,此化合物在两液层中之比是一个定值。

公式：$C_a/C_b＝K$，C_a、C_b分别表示一种化合物在两种互不相溶的溶剂中的量浓度，K是一个常数，称为分配系数。

在分析中应用较广泛的萃取方法为间歇法(亦称单效萃取法)。这种方法是取一定体积的被萃取溶液，加入适当的萃取剂，调节至控制的酸度，然后移入分液漏斗中，加入一定体积的溶剂，充分振荡至达到平衡为止。静置待两相分层后，轻轻转动分液漏斗的活塞，使水溶液层或有机溶剂层流入另一容器中，使两相彼此分离(图 2-5)。假如被萃取物质的分配比足够大，一次萃取即可达到定量分离的要求。假如被萃取物质的分配比不够大，经第一次分离之后，再加入新鲜溶剂，重复操作，进行二次或三次萃取。但萃取次数太多，不仅操作费时，而且容易带入杂质或损失萃取的组分。

图 2-5　萃取操作

注意事项：

(1)在大多数液-液萃取过程中，是将杂质萃取到水相中，而未离子化的产物仍留在有机相中。在液-液萃取过程中，另一相不一定是水，可以选择不混溶的溶剂进行萃取，逆流色谱就是基于这样的原理开发出来的。

(2)在进行水相萃取之前，应先考察溶剂与水的互溶性。水溶性较差的溶剂，萃取后比较容易实现溶剂与水的分离；水溶性较好的溶剂，需要在一定的条件下才能较好分离。

(3)在进行萃取操作时，经常容易出现乳浊液很难分层的情况，这时可以在混合物中加入无机盐来实现两相较好的分离。加入乙酸乙酯、甲苯这些助溶剂，促进产物在有机溶剂和水相中的分离，是解决乳浊液问题的有效方法。

2.活性炭处理

在药物合成实验中，少量的极性杂质会污染可以结晶的产品，也是使产物带色的原因。为了进行杂质和颜色的预清除，可以使用活性炭进行处理。具体操作：将产物溶液与相对于溶质质量$1\%\sim2\%$的活性炭一起搅拌，通过范德华力将杂质吸附到活性炭的小孔中。搅拌一段时间后，过滤，得到的滤液进行相应的后续处理(图 2-6)。

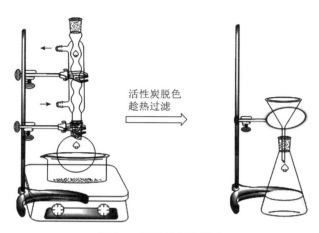

图 2-6　活性炭脱色操作

活性炭是一种黑色粉末,通常是颗粒状或者丸状的无定形多孔的炭,主要成分为碳,还含有少量的氧、氢、硫、氮和氯。活性炭具有类似石墨的精细结构,层间不规则堆积;比表面积较大,一般在 $500\sim1000$ m²/g,具有很强的吸附性能,能够吸附气体、液体或者胶态固体;对于气体、液体等吸附物质的质量可以接近于活性炭本身的质量。

活性炭的吸附具有一定的选择性,非极性物质相比于极性物质更容易被活性炭吸附,沸点高的物质相比于沸点低的物质更容易被吸附。不同条件下活性炭的吸附能力不同;压强越大、温度越低、被吸附物质浓度越大时,活性炭的吸附量越大;当减压或者升温时,有利于气体的解吸附。

注意事项:

(1)活性炭处理后,溶液的 pH 可能会发生变化,在进行后续处理的时候,应该关注。

(2)活性炭的一般加入量为待脱色物质质量的 1‰～5‰,在使用温度为 75～80 ℃、pH 为 3～6 的条件下,效果较好。

(3)活性炭脱色效果,一般在水中最强,在强极性溶剂中效果较好,在非极性溶剂中效果较差。

(4)活性炭要在固体物质完全溶解后加入,此外,不可在沸腾的溶液中加入活性炭,以免发生暴沸。

(5)搅拌时间应该根据情况调整,接触时间短,吸附不充分;接触时间过长,可能会造成产物的损失。

(6)黏性溶剂会降低分子进入活性炭孔的速度,极性溶剂比非极性溶剂更有助于吸附。助滤剂可以用来解决活性炭抽滤过程中速度太慢的问题。

3.溶剂浓缩

浓缩反应混合物是为了进一步纯化处理,是药物合成实验中的基本操作。在实验室中经常使用蒸馏或者减压蒸馏的方法进行溶剂浓缩,常用的仪器是旋转蒸发仪。

旋转蒸发仪(图 2-7)是在实验室中被广泛应用的一种蒸发仪器,适用于回流操作、大量溶剂的快速蒸发、微量组分的浓缩和需要搅拌的反应过程等。旋转蒸发仪系统可以密封减压至 $400 \sim 600$ mmHg;用加热浴加热蒸馏瓶中的溶剂,加热温度可接近该溶剂的沸点;同时还可进行旋转,速度为 $50 \sim 160$ r/min,使溶剂形成薄膜,增大蒸发面积;此外,在高效冷却器作用下,可将热蒸气迅速液化,加快蒸发速率。

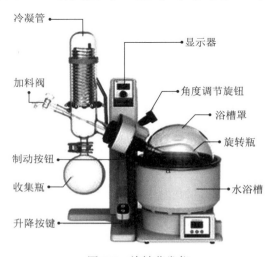

冷凝管

加料阀

制动按钮

收集瓶

升降按键

显示器

角度调节旋钮

浴槽罩

旋转瓶

水浴槽

图 2-7　旋转蒸发仪

旋转蒸发仪主要用于医药、化工和生物制药等行业的浓缩、结晶、干燥、分离及溶媒回收。其原理为在真空条件下恒温加热,使旋转瓶恒速旋转,物料在瓶壁形成大面积薄膜,高效蒸发;溶媒蒸气经高效玻璃冷凝器冷却,回收于收集瓶中,大大提高蒸发效率。它特别适用于在高温下容易分解变性的生物制品的浓缩提纯。

具体操作步骤:

(1)打开旋转蒸发仪的冷凝装置,打开水浴锅,并调整到适合温度。

(2)打开真空泵的循环水,开启真空泵。

(3)装上旋蒸瓶,关闭加料阀。

(4)当真空度大于等于 0.04 MPa 后,调整水浴锅的高度,同时,打开旋转按钮,调整转速。

(5)浓缩结束后,关闭旋转按钮,打开加料阀,降低水浴锅,拆下旋蒸瓶。

(6)处理旋转蒸发蒸出的溶剂,并关闭水浴锅电源。

(7)关闭冷凝装置,关闭真空泵及其循环水。

注意事项：

(1)在进行溶剂浓缩的过程中，应该注意浓缩温度：温度较高，可能导致产品的分解或变质；温度较低，浓缩时间较长，也会影响产品质量。

(2)在使用旋转蒸发仪的过程中，注意溶液不能超过瓶子的 2/3，避免引起暴沸和冲液。

(3)一般先打开冷凝循环装置，再加热，防止溶剂挥发。

(4)关闭仪器时，必须先除去压力，再关闭真空泵，防止倒吸。

(三)产品纯化

原料药的纯度对于药物的品质影响重大，因此，药物合成实验的产品纯化非常关键。根据产品的化学性质的不同和实验规模的不同，纯化方法包括实验室研究常用方法如薄层色谱、柱层析、制备色谱等，以及工业上放大生产使用的减压蒸馏、结晶与重结晶等。

1.薄层色谱(大板)

适用条件：在药物合成实验中，有时为了快速得到百毫克级别的原料药分子以进行药学相关的活性检测，可以选择薄层色谱(大板)，实现 1 g 以内的产品快速、高效分离纯化。

具体实验过程见图 2-8。

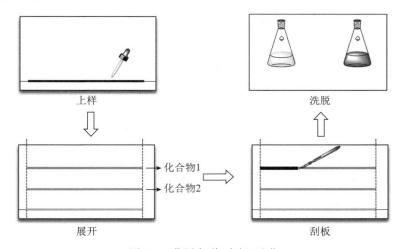

图 2-8　薄层色谱(大板)纯化

(1)上样：用少量易挥发的溶剂溶解样品，比如二氯甲烷等，如果不溶可以加几滴甲醇促溶。可以用一次性滴管塞棉花后剪成毛笔状上样，上样时尽量做到色带均匀。可以多次上样，先用吹风机吹干溶剂后再上样。

（2）展开：根据 TLC 薄层小板的展开剂条件，选择合适的展开剂，配制好相应溶剂，进行展开操作。跑板最好要跑到距离顶端 1 cm 左右，充分展开样品，切记不要跑过。跑过的话，极性小的点可能会被展开剂冲到一起，而极性大的点虽然不会被冲到上面，但会变散，不容易判断色带的边缘。

（3）刮板：展开结束后，在紫外灯照射下，画出薄层板上的荧光带，并将荧光带分别刮下，碾碎，获得粉末状硅胶样品。

（4）洗脱：在粉末状硅胶样品中加入合适的溶剂，浸泡或者搅拌一段时间。过滤，通过 TLC 小板，确认目标产物所在有机溶液，浓缩后，得到目标产物。

注意事项：

（1）由于大板和小板有细微的差别，大板展开剂的极性可以比小板展开剂的极性稍微大一点，跑板最好要跑到距离顶端 1 cm 左右，充分展开样品，切记不要跑过。

（2）硅胶板是弱酸性的，酸不稳定的化合物应尽量避免使用硅胶板；硅胶板对空气、水、有机溶剂一般比较稳定。

2. 柱层析

柱层析技术又称柱色谱技术，主要原理是根据样品混合物中各组分在固定相和流动相中分配系数不同，经多次反复分配将组分分离开来。

实验室常用的是以硅胶或氧化铝作为固定相的吸附柱。柱层析在药物合成的前期研究中应用非常广泛。柱层析操作时，先在圆柱管中填充不溶性基质，形成固定相。将样品加到柱子中，用特殊溶剂洗脱，溶剂为流动相。在样品从柱子上洗脱下来的过程中，根据样品混合物中各组分在固定相和流动相中分配系数不同，经多次反复分配将组分分离。具体实验过程见图 2-9。

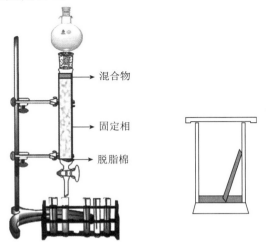

图 2-9　柱层析纯化

（1）装柱：根据需要柱层析分离的样品的量，选择合适的柱子，确定需要加入的硅胶或氧化铝的质量以及装柱方法（干法装柱或湿法装柱）。装完的柱子要适度紧密，填充均匀，尽量不要有气泡，防止柱子开裂。

（2）加样：将待纯化样品用少量溶剂溶解，加入柱子中，上层可再加入少量石英砂，打开下面的旋塞，待溶剂层下降至石英砂面时，再加少量的低极性溶剂，然后再打开活塞，如此两三次，完成加样操作。

（3）淋洗：根据 TLC 的展开剂进行淋洗溶剂的配制，将淋洗溶剂加入硅胶柱的储液球中，打开下面的旋塞，调整溶剂淋洗的速度。

（4）样品的收集：通过 TLC 来判断是否有样品流出，使用收集试管或者收集瓶进行收集，大小依样品量而定。

（5）最后处理：通过 TLC 判断收集溶液中样品的纯度，根据需要进行合并，使用旋转蒸发仪浓缩溶剂，得到最终的目标产物。

注意事项：

（1）装柱时，柱子下面的活塞不要涂润滑剂，因为润滑剂可能会被淋洗剂带到产品中。需要根据产品性质，确定填充物使用硅胶或是氧化铝，硅胶量或氧化铝量是样品量的 $30\sim40$ 倍，根据情况确定。

（2）选择合适的柱子对实现好的分离至关重要。柱子长了，相应的塔板数就高。柱子粗了，上样后样品的原点就小（反映在柱子上就是样品层比较薄），这样相对地降低了分离的难度。

（3）淋洗剂的选择非常重要，大多选用石油醚或乙酸乙酯。一般常用溶剂按照极性从小到大的顺序排列为石油醚＜己烷＜苯＜乙醚＜四氢呋喃＜乙酸乙酯＜丙酮＜乙醇＜甲醇。使用单一溶剂往往不能达到很好的分离效果，通常使用高极性和低极性溶剂组成的混合溶剂，高极性的溶剂还有增加区分度的作用。常用的溶剂组合有：PE/CH_3COCH_3；PE/Et_2O；PE/CH_2Cl_2；$EtOAc/PE$；$EtOAc/CH_2Cl_2$；$EtOAc/MeOH$；$EtOAc/EtOH$；$EtOAc/CHCl_3$；$CH_2Cl_2/MeOH$；$CHCl_3/MeOH$（PE 为聚乙烯，Et 为乙基，Ac 为乙酰基，Me 为甲基）。

（4）对于在硅胶这种酸性物质中易分解的物质，可以在展开剂里加入少量三乙胺或氨水等碱性物质来中和硅胶的酸性。选择所添加的碱性物质，还必须考虑其是否容易从产品中除去。

3. 制备色谱

制备色谱可以说是药物分离科学中最有效的制备性分离技术，是很多研究领域和生产企业必不可少的分离手段。制备色谱是指采用色谱技术制备纯物质，即分离、收集一种或多种色谱纯物质。制备色谱中的"制备"这一概念指获得足够量的单一化合物，以满足研究和其他用途。制备色谱的出现,使色谱技术与经济利益建立了联系,制备量大小和成本高低是制备色谱的两个重要指标。

待分离物质中杂质与基体化学性质很接近,同时产量能达到一定量时,可以采取制备色谱。制备色谱最早用于生物、制药等的研究,能分离出 30～100 mg,甚至达到克级的产品,目前生产日产量为 1 kg 以上的特纯产品已有可能。北京、大连在国内生产的最大液相制备色谱仪的色谱柱最大内径达到 1000 mm(可以从 100～1000 mm 任意选择)。中、低压制备液相色谱系统如图 2-10 所示。

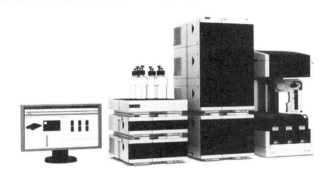

图 2-10　Agilent 1290 Infinity Ⅱ 自动制备型液相色谱系统

制备色谱包括制备气相色谱和制备液相色谱,制备气相色谱已经应用于同位素中的气体纯化,而制备液相色谱更多地应用于复杂有机化合物(包括生命科学、药物)的研究。

4.减压蒸馏

对于一些熔点较低的药物中间体,可以采用减压蒸馏(图 2-11)实现纯化。减压蒸馏适用于沸点太高或者常压蒸馏未达到沸点就分解和变质的有机物。

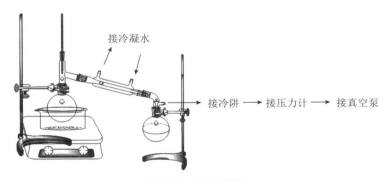

接冷凝水

接冷阱 ⟶ 接压力计 ⟶ 接真空泵

图 2-11　减压蒸馏

减压蒸馏的原理:液体的沸点是指它的蒸气压等于外界压力时的温度,液体的沸点是随外界压力的变化而变化的,借助于真空泵降低系统内压力,就可以降低液体的沸点。这种在较低的压力下进行蒸馏的操作称为减压蒸馏操作。减压蒸馏时,物质的沸点与压力直接相关。

减压蒸馏的真空度,通常划分为 3 个等级,具体见表 2-2。

表 2-2　减压蒸馏真空度等级

序号	真空度等级	压力范围/mmHg	常用设备
1	高真空度	760~10	水泵
2	中真空度	10~0.1	油泵
3	低真空度	<0.1	扩散泵

5.精馏

在制药和精细化工产品的生产过程中,常常会有很多液相或者气相混合物需要分离或者提纯,精馏技术是当前应用最广泛和规模最庞大的传质分离过程。

实验精馏装置(图 2-12)是实验室中常见的一种设备,用于分离混合物中的不同组分。正确使用实验精馏装置可以提高实验效率和精度。

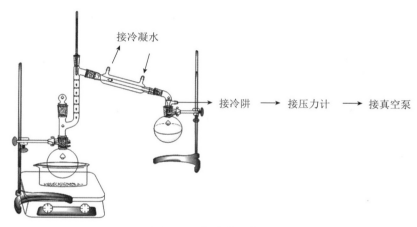

图 2-12　实验精馏装置

实验精馏装置通常由以下几部分组成:

(1)加热器:用于提供热源,加热精馏瓶中的混合物。

(2)精馏柱:通常由玻璃制成,具有多个逐渐变窄的区域,使得混合物可以在不同温度下发生蒸发和冷凝。柱中可以加入玻璃填料或者直接选择刺形分馏柱。

(3)冷凝器:作用是将从精馏瓶中升起的蒸气冷却成液体。冷凝器可以是直管式或螺旋式的。

(4)接收瓶:用于接收冷凝后的液体。

(5)真空泵:用于降低精馏瓶内的压力,促进混合物蒸气的升起和分离。

具体操作为:

(1)查阅资料,考察目标化合物的化学性质,计算获得目标化合物在所选择的压力下的沸点。

（2）依据规则,搭建装置,包括三个部分:蒸馏部分、收集部分和减压部分。检查装置的气密性和能达到的真空度。

（3）开始减压蒸馏。

（4）收集到不同沸点的馏分,浓缩收集产物。

减压精馏的特点及注意事项:

（1）在减压情况下,物系的相对挥发度是减小的。

（2）在减压情况下,气体的体积加大,单位塔的处理能力下降。

（3）在减压情况下,物质的泡点下降,易于用低压汽进行组织生产。

（4）减少热分解。

6.结晶

固体有机物在溶剂中的溶解度与温度有密切关系,一般是温度升高溶解度增大。利用溶剂对被提纯物质及杂质的溶解度不同的特点,可以使被提纯物质从过饱和溶液中析出,而让杂质全部或大部分仍留在溶液中,或者相反,从而达到分离、提纯的目的,这种方法称为结晶法(图 2-13)。

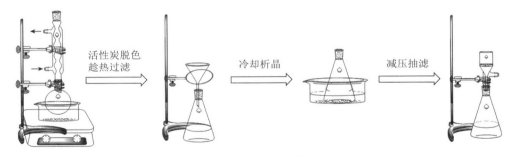

图 2-13 结晶操作

在适当条件下使溶质从溶液中析出的操作称为结晶。若结晶形成的晶体还具有较多的杂质,还需进一步将其精制纯化,此过程称为重结晶。结晶和重结晶包括以下几个主要步骤:

（1）将需要纯化的化学试剂溶解于沸腾或将近沸腾的适宜溶剂中。

（2）将热溶液趁热抽滤,以除去不溶的杂质。

（3）将滤液冷却,使结晶析出。

（4）滤出结晶,必要时用适宜的溶剂洗涤结晶。

注意事项:

（1）在溶解预纯化的化学试剂时要严格遵守实验室安全操作规程,加热易燃、易爆溶剂时,应在没有明火的环境中操作,并应避免直接加热。因为在通常情况下,溶解度曲线在接近溶剂沸点时会陡峭地升高,故在结晶和重结晶时应将溶剂加热到沸点。为使结晶和重结晶收率高,溶剂的量尽可能少,故在开始加入的溶剂的量不足以将欲纯化的化学试剂全部溶解时,在加热的过程中可以小心地补加溶剂,直到沸腾时固体物质全部溶解为止。补加溶剂时要注意,溶液如被冷却到其沸点以下,防暴沸石就不再有效,需要添加新的沸石。

(2)在使用混合溶剂进行结晶和重结晶时,最好将欲纯化的化学试剂溶于少量溶解度较大的溶剂中,然后趁热慢慢地加入溶解度较小的第二种溶剂,直到它触及溶液的部位有沉淀生成但旋即又溶解为止。如果溶液的总体积太小,则可多加一些溶解度大的溶剂,然后重复以上操作。有时也可用相反的程序,将欲纯化的化学试剂悬浮于溶解度小的溶剂中,慢慢加入溶解度大的溶剂,直至溶解,然后再滴入少许溶解度小的溶剂加以冷却。

(3)欲纯化的化学试剂为有机试剂时,形成过饱和溶液的倾向很大,要避免这种现象,可加入同种试剂或类质同晶物的晶种。用玻璃棒摩擦器壁也能形成晶核,此后晶体即沿此核心生长。

(4)结晶的速度有时很慢,冷溶液的结晶有时要数小时才能完全。在某些情况下数星期或数月后还会有晶体继续析出,所以不应过早将母液弃去。

(5)为了降低欲纯化试剂在溶液中的溶解度,以便析出更多的结晶,提高产率,往往对溶液采取冷冻的方法。可以放入冰箱中或用冰、混合制冷剂冷却。

(6)制备好的热溶液必须经过过滤,以除去不溶性的杂质,而且必须避免在抽滤的过程中在过滤器上结晶出来。

(7)欲使析出的晶体与母液有效地分离,一般用布氏漏斗抽滤。

(8)小量及微量的物质的结晶与重结晶:小量的物质的结晶或重结晶基本要求同前所述,但均采用与该物质的量相适应的小容器,微量物质的结晶和重结晶可在小的离心管中进行。热溶液制备后应立即离心,使不溶的杂质沉于管底,用吸管将上层清液移至另一个小的离心管中,令其结晶。结晶后,用离心的方法使晶体和母液分离。同时可在离心管中用小量的溶剂洗涤晶体,用离心的方法将溶剂与晶体分离。

(9)母液中常含有一定数量的所需要的物质,要注意回收。如将溶剂除去一部分后再让其冷却使结晶析出,通常其纯度不如第一次析出来的晶体。若经纯度检查不合要求,可用新鲜溶剂结晶,直至符合纯度要求为止。

(10)在结晶和重结晶纯化化学试剂的操作过程中,溶剂的选择是关系到纯化质量和回收率的关键问题。选择适宜的溶剂时应注意以下几个方面:①选择的溶剂应不与欲纯化的化学试剂发生化学反应。例如脂肪族卤代烃类化合物不宜用作碱性化合物结晶和重结晶的试剂;醇类化合物不宜用作酯类化合物结晶和重结晶的溶剂,也不宜用作氨基酸盐酸盐结晶和重结晶的溶剂。②选择的溶剂对欲纯化的化学试剂在较高温度时应具有较大的溶解能力,而在较低温度时对欲纯化的化学试剂的溶解能力大大减小。

③选择的溶剂对欲纯化的化学试剂中可能存在的杂质有较大的溶解度,在欲纯化的化学试剂结晶或重结晶时留在母液中,在结晶和重结晶时不随晶体一同析出;或是溶解度甚小,在欲纯化的化学试剂加热溶解时,很少在热溶剂中溶解,在热过滤中除去。④选择的溶剂沸点不宜太高,以免该溶剂在结晶和重结晶时附着在晶体表面不容易除尽。

结晶和重结晶的常用溶剂有水、甲醇、乙醇、异丙醇、丙酮、乙酸乙酯、氯仿、冰醋酸、二氧六环、四氯化碳、苯、石油醚等。此外,甲苯、硝基甲烷、乙醚、二甲基甲酰胺、二甲亚砜等也可使用。

二甲基甲酰胺和二甲亚砜的溶解能力大,当找不到其他适用的溶剂时,可以使用。但往往不易从溶剂中析出结晶,且沸点较高,晶体上吸附的溶剂不易除去,这是其缺点。乙醚虽是常用的溶剂,但是若有其他适用的溶剂时,最好不用乙醚。一方面由于乙醚易燃、易爆,使用时危险性特别大,应特别小心;另一方面由于乙醚易沿壁爬行挥发而使欲纯化的化学试剂在瓶壁上析出,影响结晶的纯度。

在选择溶剂时必须了解欲纯化的化学试剂的结构,因为溶质往往易溶于与其结构相似的溶剂中——"相似相溶"原理。极性物质易溶于极性溶剂,而难溶于非极性溶剂中;相反,非极性物质易溶于非极性溶剂,而难溶于极性溶剂中。这个溶解度的规律对实验工作有一定的指导作用。例如:欲纯化的化学试剂是非极性化合物,实验中已知其在异丙醇中的溶解度太小,异丙醇不宜作其结晶和重结晶的溶剂,这时一般不必再试验极性更强的溶剂如甲醇、水等,应试验极性较小的溶剂,如丙酮、二氧六环、苯、石油醚等。适用溶剂的最终选择,只能用试验的方法来决定。

若不能选择出一种单一的溶剂对欲纯化的化学试剂进行结晶和重结晶,则可应用混合溶剂。混合溶剂一般是由两种可以以任何比例互溶的溶剂组成,其中一种溶剂较易溶解欲纯化的化学试剂,另一种溶剂较难溶解欲纯化的化学试剂。一般常用的混合溶剂有乙醇和水、乙醇和乙醚、乙醇和丙酮、乙醇和氯仿、二氧六环和水、乙醚和石油醚、氯仿和石油醚等,最佳复合溶剂的选择必须通过预实验来确定。

结晶溶剂选择的一般原则:对欲分离的成分热时溶解度大,冷时溶解度小;对杂质的溶解度冷热都不溶或冷热都易溶。沸点要适当,不宜过高或过低,如乙醚就不宜用。利用物质与杂质在不同的溶剂中的溶解度差异选择溶剂。

四、结构确证

在纯化获得了原料药或者中间体以后,需要对其结构进行分析确证。首先,可以通过 TLC,与标准品比对,对产品进行初步的判断,也可以通过液相或气相色谱等检测手段评估纯度。接着,主要通过氢-1 核磁共振波谱法(^{1}H-NMR,简称氢谱)、光谱及常规质谱(MS)等方法,基于合成机理推断平面结构;如合成机理不明确,采用提取方式获得,或氢谱及质谱等常规方法对化合物结构信息判断的作用不大,则需要使用更多确证方法来辅助结构判断,如借助碳-13核磁共振波谱法(^{13}C-NMR,简称碳谱)、二维核磁共振等来确证;在解析得到平面结构后,如需判断立体构型,应采用针对立体结构相应的研究手段,如核欧沃豪斯效应谱(NOESY)、圆二色谱(CD)、X射线单晶衍射等进行确证。

(一)原料药及其中间体常见结构确证类别及方法

原料药及其中间体常见结构确证类别及方法见表2-3。

表2-3 原料药及其中间体常见结构确证类别及方法

确证类别	方法		原料药		起始物料/中间体/相关杂质	
			新化学实体*	已知化合物	新化合物	已知化合物
元素组成	高分辨质谱(HRMS)		两者选其一或全部	两者选其一或全部	通常不做	通常不做
	元素分析					
平面结构	红外光谱(IR)		√	√	√	√
	紫外光谱(UV)		√	√	√	√
	质谱(MS)			√	√	√
	核磁共振波谱(一维)1D-NMR	氢谱(^{1}H-NMR)	√	√	√	√
		碳谱(^{13}C-NMR)	√	根据文献资料判断	√	根据文献资料判断
		无畸变极化转移增强(DEPT)	非必需,供辅助判断	通常不做	非必需,供辅助判断	通常不做
		磷谱、氟谱	非必需,根据化合物性质决定	通常不做	通常不做	通常不做
	核磁共振波谱(二维)2D-NMR	氢-氢化学位移相关谱(^{1}H-^{1}H COSY)	选择其中一个或多个	根据文献资料判断,通常不做	选择其中一个或多个	根据文献资料判断,通常不做
		异核多键相关谱(HMBC)				
		异核单量子相干谱(HSQC)				
立体结构#	NOSEY		通常需根据结构性质进行全套研究	通常需根据结构性质进行全套研究	根据研究需要决定是否需要解析立体结构	通常不做
	圆二色谱(CD)					
	旋光光谱(ORD)					
	X射线单晶衍射(XRSD)					

确证类别	方法	原料药		起始物料/中间体/相关杂质	
		新化学实体*	已知化合物	新化合物	已知化合物
晶型#	X射线粉末衍射	√	√	通常不做	通常不做
	扫描电镜(SEM)	√	根据需要		
	拉曼光谱	√	根据需要		
	热重分析(TGA)	√	√		
	差示扫描量热法(DSC)	√	√		
	红外光谱(IR)	/	根据需要		

注：* 根据国家药品监督管理局2018年发布的《新药Ⅰ期临床试验申请技术指南》："在研发早期,应对样品进行初步结构确证,提交研究数据。完整的结构确证数据可在申报新药上市时提交,包括一级结构、二级结构和高级结构等。"

如化合物为平面构型,不存在立体构型或多晶型,则不需研究立体结构。

"√"代表必须做,"/"代表不必做。

1.原料药及其中间体元素组成确定方法

（1）高分辨质谱

高分辨质谱可以获得分子离子峰的质量数,从而分析获得原料药或者中间体的精确相对分子质量;同时,分子离子峰和碎片峰的信息也可用来推测出原料药或者中间体的裂解方式、分子结构关系;通过同位素峰强比及其分布特征可以推算出分子中的 Cl、Br、S 等原子数;还可以与色谱联用,比如气质联用仪或液质联用仪,是原料药的分离、鉴别和定量测定的重要工具。

（2）元素分析

元素分析可以对原料药及其中间体中存在的元素种类进行鉴定,并获得其含量。元素分析的原理是:将样品置于氧气流中燃烧,用氧化剂使其有机成分充分氧化,令各种元素定量地转化成与其相对应的挥发性氧化物,使这些产物流经硅胶填充柱色谱,用热导池检测器分别测定其浓度,最后用外标法确定每种元素的含量。

2.原料药及其中间体平面结构确定方法

（1）核磁共振波谱

在强磁场中,某些元素的原子核和电子能量本身所具有的磁性,被分裂成两个或两个以上量子化的能级。吸收适当频率的电磁辐射,可在所产生的磁诱导能级之间发生跃迁。在磁场中,这种带核磁性的分子或原子核吸收从低能态向高能态跃迁的两个能级差的能量,会产生共振谱,可用于测定分子中某些原子的数目、类型和相对位置。

目前应用较多的一维核磁共振波谱是氢谱和碳谱。二维核磁共振波谱包括

^{1}H-^{1}H COSY、HMBC、HSQC 等。

氢谱主要提供质子类型及其化学环境、氢分布和核间关系,但不能给出不含氢基团的共振信号,难以鉴别化学环境相近的烷烃。

碳谱可以给出丰富的碳骨架及有关结构和分子运动的信息、分子中碳原子的个数、属于哪些基团,同时,可以区别伯、仲、叔和季碳原子。

(2)紫外可见吸收光谱

紫外吸收光谱和可见吸收光谱都属于分子光谱,它们都是由价电子跃迁产生的。利用物质的分子或离子对紫外和可见光的吸收所产生的紫外可见光谱及吸收程度可以对物质的组成、含量和结构进行分析、测定、推断。

紫外可见吸收光谱应用广泛,不仅可进行定量分析,还可利用吸收峰的特性进行定性分析和简单的结构分析,测定一些平衡常数、配合物配位比等,也可用于无机化合物和有机化合物的分析,对于常量、微量、多组分都可测定。

(3)红外吸收光谱

红外光谱是指分子能选择性吸收某些波长的红外线,从而引起分子中振动能级和转动能级的跃迁,检测红外线被吸收的情况可得到物质的红外吸收光谱,又称分子振动光谱或振转光谱。

从红外吸收光谱中,可以明确各原子的连接顺序和方式,推测出药物中可能存在的化学键、所含的官能团及其初步的连接方式。红外吸收光谱具有高度特征性,可以通过与对照品进行红外光谱比对来进行分析鉴定。

3.原料药及其中间体立体结构确定方法

(1)NOESY

NOESY 是核磁共振谱学中的技术。NOESY 测量样品中局部脉冲序列后所产生的跨相干峰,这些峰反映了分子中核与核之间空间距离的关系。NOESY 谱可为确定药物或中间体分子的三维结构和相互作用提供重要的信息。

(2)圆二色谱(CD)

光学活性物质对左、右旋圆偏振光的吸收率不同,其光吸收的差值称为该物质的圆二色性。圆二色性的存在使通过该物质传播的平面偏振光变为椭圆偏振光,且只在发生吸收的波长处才能观察到。圆二色谱(CD)是用于推断非对称分子的构型和构象的一种旋光光谱,可用于确证化合物的绝对构型。圆二色谱已广泛应用于有机化学、生物化学、配位化学和药物化学等领域,成为研究有机化合物的立体构型的一种重要方法。

(3)旋光光谱(ORD)

光通过手性物质,使偏振面发生旋转,这种性质称为旋光性,光旋转的角度称为旋光度。化合物的旋光度和光的波长有关。旋光光谱是通过记录一系列波长下的旋光度值,描绘出一张旋光度值随波长变化的谱图,通过分析偏振面旋转角度与波长的关系,区别对映体的相对构型。

(4)X 射线单晶衍射(XRSD)

晶体是一种内部微粒在三维空间有规律地重复排列的固体物质。由于原子空间中排列的规律性,可以把晶体中的若干个原子抽象为一个点,把晶体看成空间点阵。如果整块固体为一个空间点阵所贯穿,则称为单晶体,简称单晶。X 射线单晶衍射分析是利用单晶体对 X 射线的衍射效应,对物质的三维结构进行分析的方法。当一定波长的 X 射线照射到晶体上时,X 射线因在晶体内遇到周期性排列的原子或离子而发生散射,从而得到与晶体结构对称性相对应的衍射图样,可提供一个化合物在晶态中所具有原子的精确空间位置,从而确定化合物的具体结构。X 射线单晶衍射可以直接准确地给出化合物的绝对构型,是目前确定绝对构型最直接、最有效、最权威的方法之一。

4.原料药及其中间体晶型确定方法

物质的晶型可以影响物质的理化性质,对于药物而言,这种理化性质的变化影响着药物的作用。目前,用于固体化学药物多晶型鉴别与分析的技术有很多,由于不同仪器的检测原理及分析方法差异,一种检测技术可能无法独立完成对晶型药物的全部检测分析任务。所以,在晶型药物的研制过程中,多种检测分析技术联用,可获得晶型药物的各类信息,为晶型药物的发现、鉴定、质控提供技术支撑和晶型质量保证。

在晶型药物的检测分析中,鉴别分析方法包括熔点法、显微镜技术、热分析法、X 射线衍射技术、固态核磁共振技术等。这些分析技术通过不同的原理,利用不同的视角,为认识微观晶型物质提供着各种信息。

(1)熔点法

不同药物晶型由于存在晶格能差,熔点可能会有差异,除常见的毛细管法和熔点测定仪方法外,热载台显微镜也是通过熔点研究药物多晶型存在的常见方法之一,该方法能直接观察晶体的相变、熔化、分解、重结晶等热力学动态过程,因此利用该工具照药典规定进行熔点测定可初步判定药物是否存在多晶现象。部分药物多晶型之间熔点相差幅度较小,甚至无差别,故以熔点差异确定多晶型,只是初步检测方法之一。

(2)显微镜技术

显微镜主要分为光学显微镜与电子显微镜两种。光学显微镜能够反映固体药物的光学特点,可以用于观察晶体的形态特征。光学显微镜与其他不同原理设备联用,大大拓展了光学显微镜的应用领域。如热载台显微镜是将显微技术与热分析技术相结合,用于观察晶型物质转变的有效检测设备;红外光谱显微镜是将红外光谱技术与光学显微镜技术联用,可用于对单晶体样品的微观检测,实现对微量样品的分析;偏光显微镜在光学显微镜上增加一个或多个偏光镜,通过偏光射入双折射现象,鉴别出不同晶型物质所属晶系,还可研究晶型间的相变,准确测定晶体熔点;扫描隧道显微镜可以直接观测到晶体内部的微观晶格变化和原子结构、晶面分子排列、晶面缺陷等。

电子显微镜的分辨率远远高于光学显微镜,在观测微观状态下的晶体外部形态方面应用较广,由于分辨率高,可用于快捷地鉴别微小晶型药物样品。电子显微镜检测中使用电子束轰击放在真空中的晶型样品,这可能会造成晶型物质原有状态改变,而发生转晶现象,因此电子显微镜也存在一定的缺陷。

(3)热分析法

不同晶型在升温或冷却过程中的吸、放热也会有差异。热分析法是在程序控温下,测量物质的物理化学性质与温度的关系,并通过测得的热分析曲线来判断药物晶型的异同的方法。热分析法主要包括热重分析法、差示扫描量热法和差热分析法。

热重分析法是在程序控温下,测定物质的质量与温度变化关系的一种技术。当被测物质在加热过程中因升华或汽化分解出了气体或失去了结晶水时,引起被测物质量发生变化,这时热重曲线不是直线而是有所下降,可推测晶体中含结晶水或结晶溶剂,从而可快速区分无水晶型与假多晶型。

差示扫描量热法是在程序控温下,通过不断升温或降温,测量样品与惰性参比物(常用 $\alpha\text{-Al}_2\text{O}_3$)之间的能量差随温度变化的一种技术,多用于分析样品的熔融分解情况以及是否有转晶或混晶现象。

差热分析法与差示扫描量热法较为相似,不同的是,差热分析法是通过同步测量样品与惰性参比物的温度差来判定物质的内在变化。各种物质都有特有的差热曲线,因此差热分析法是物质物理特性分析的一种重要手段。

(4)X 射线衍射(XRD)

X 射线衍射是研究药物晶型的主要手段,利用原子对 X 射线的衍射效应完成对物质结构、物质成分、物质晶型的研究。根据研究原理和对象不同,X 射线衍射法又分为单晶衍射和粉末衍射两种:前者可提供单晶型药物的定量分子立体结构信息和表征,可用于不同晶型药物的物质特征的鉴别及纯度检查;后者是以无数粉晶物质(晶态或无定型态)样品作为研究对象,以物相分析理论为基础,可用于物质状态(晶态与无定型态)、物质成分(两个样品的物质成分异同性鉴别)、晶型状态(种类)、晶型纯度、晶型质量控制等分析研究。X 射线单晶衍射技术与 X 射线粉末衍射技术的联合应用,已成为国际公认的晶型药物定量质量控制的常用分析技术和重要手段。

(5)红外吸收光谱

不同晶型药物分子中的某些化学键键长、键角会有所不同,致使其振动-转动跃迁能级不同,与其相应的红外吸收光谱的某些主要特征如吸收带频率、峰形、峰位、峰强度等也会出现差异,因此红外吸收光谱可用于药物多晶型研究。红外吸收光谱法较为简便、快速,然而对于部分晶型不同而红外图谱相同或差别不大的药物,使用红外吸收光谱就难以区分了,而且有时图谱的差异也可能是样品纯度不够、晶体的大小不一、研磨过程发生转晶等导致分析结果偏差。这时就需要同时采取其他方法共同确定样品的晶型。

(6)拉曼光谱

物质受到入射光照射时,激发光与原来处于基态的散射物分子发生相互作用,使电子跃迁到不稳定的激发态,处于高能级上的电子会立即跃迁到低能级而形成散射光。散射光与入射光频率相同的谱线称为瑞利线,与入射光频率不同的谱线为拉曼线,形成的效应即为拉曼效应。拉曼光谱样品不需要制备可以直接使用,它对分子水平的环境很灵敏,所以固体药物的不同晶型或晶态与无定型态之间的差异很容易在拉曼光谱中看出,其简便性和灵敏性使得拉曼光谱成为理想的晶型分析方法之一。

(7)固态核磁共振

不同晶型结构中分子中的原子所处的化学环境存在细微差异,因此其^{13}C-NMR 谱图不同,通过对比不同晶型图谱,可判断药物是否存在多晶现象,通过比较已知晶型的^{13}C-NMR 谱图,也可获得测试样品的具体晶型。

(8)药物多晶型计算机辅助预测

近年来,随着计算机技术的发展,计算机辅助预测药物晶型也有了较大进展。例如,在固体药物结构已知的前提下,运用 Polymorph Predictor、Morphology 等商业程序计算晶体的低能多晶型或预测晶体的外形,但这些方法在药物中的成功率还比较低。

(二)常用结构确证仪器及应用介绍

1. 高分辨质谱(HRMS)/质谱(MS)

质谱仪最重要的应用是分离同位素并测定它们的原子质量及相对丰度。质谱法测定原子质量的精度超过化学测量方法,2/3 以上的原子的精确质量是用质谱方法测定的。由于质量和能量的当量关系,可得到有关核结构与核结合能的信息。质谱方法可用于有机化学分析,特别是微量杂质分析,测量分子的分子量,为确定化合物的分子式和分子结构提供可靠的依据。由于化合物有着像指纹一样的独特质谱,质谱仪在工业生产中也得到广泛应用。

质谱仪可分离和检测不同同位素。仪器的主要装置放在真空中。将物质气化、电离成离子束,经电压加速和聚焦,然后通过磁场电场区,不同质量的离子受到磁场电场的偏转不同,聚焦在不同的位置,从而获得不同同位素的质量谱。

质谱分析法是通过对样品的离子的质荷比进行分析而实现对样品进行定性和定量的一种方法。因此,质谱仪都必须有电离装置把样品电离为离子,有质量分析装置把不同质荷比的离子分开,经检测器检测之后可以得到样品的质谱图。因为有机样品、无机样品和同位素样品等具有不同形态、性质和不同的分析要求,所以,所用的电离装置、质量分析装置和检测装置有所不同。但是,不管是哪种类型的质谱仪,其基本组成是相同的,都包括离子源、质量分析器、检测器和真空系统。

质谱仪以离子源、质量分析器和离子检测器为核心。离子源是使试样分子在高真空条件下离子化的装置。电离后的分子因接收了过多的能量会进一步碎裂成较小质量的多种碎片离子和中性粒子。它们在加速电场作用下获取具有相同能量的平均动能而进入质量分析器。质量分析器是将同时进入其中的不同质量的离子,按质荷比 m/z 大小分离的装置。分离后的离子依次进入离子检测器,采集放大离子信号,经计算机处理,绘制成质谱图。质谱仪分析流程见图 2-14。离子源、质量分析器和离子检测器都各有多种类型。质谱仪按应用范围分为同位素质谱仪、无机质谱仪和有机质谱仪;按分辨本领分为高分辨、中分辨和低分辨质谱仪;按工作原理分为静态仪器和动态仪器。

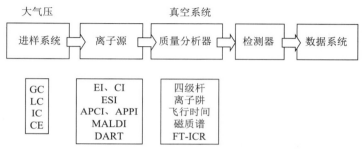

GC—气相色谱;LC—液相色谱;IC—离子色谱;CE—毛细管电泳;EI—电子轰击源;CI—化学电离源;
ESI—电喷雾源;APCI—大气压化学电离源;APPI—大气压光电电离源;MALDI—基质辅助激光解析电离源;
DART—实时直接分析离子源;FT-ICR—傅里叶变换离子回旋共振质谱。

图 2-14　质谱仪分析流程

质谱仪的组成,除了在测量原理中介绍的质量分离部件外,还包括以下几部分:①电学系统。电学系统包括供电系统和数据处理系统。②真空系统。真空系统的作用是使进样系统、离子源、质量分离部件和检测器保持一定的真空度,以保证离子在离子源及分析系统中没有不必要的粒子碰撞、散射效应、离子-分子反应和复合效应。③检测器。检测器的作用是检测从质量部件中出来的电子,即接收离子后将其变成电流,或者溅射出二次电子且被逐级加速倍增后成为电信号输出。检测器一般采用法拉第筒、电子倍增检测器、后加速式倍增检测器。

质谱图用棒图表示,每一条线表示一个峰。图 2-15 是阿司匹林的质谱图,阿司匹林的分子量为 180,在 $m/z=180$ 处为分子离子峰,$m/z=120$ 处为基峰,主要的碎片峰在图中已标出其离子结构。

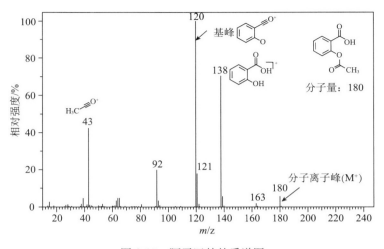

图 2-15 阿司匹林的质谱图

2. 一维核磁共振（NMR）

核磁共振是鉴定有机化合物结构及研究化学动力学等极为重要的方法，其研究对象为具有磁矩的原子核。原子核是带正电荷的粒子，其自旋运动将产生磁矩，但并非所有同位素的原子核都有自旋运动，只有存在自旋运动的原子核才具有磁矩。有机化合物中 ^1H、^2H、^{19}F、^{13}C、^{15}N 和 ^{31}P 等元素存在自旋现象。图 2-16 是一般核磁共振波谱仪的结构示意图。

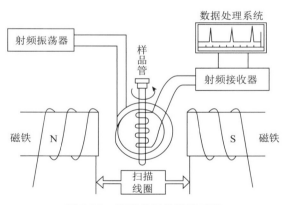

图 2-16 核磁共振仪结构示意

在静磁场中，具有磁矩的原子核存在着不同能级。此时，如运用某一特定频率的电磁波来照射样品，并使该电磁波满足相应的能级之差，原子核即可进行能级之间的跃迁，这就是核磁共振。当有磁矩的原子核处于外加的静磁场中时，原子核受到外加静磁场的作用，该核的核外电子同样受到外加静磁场的作用，因为运动的核外电子也有磁矩。在外加静磁场的作用下，运动的核外电子产生一个小的磁场，叠加到外加静磁场上，实际作用于原子核的磁感强度不是外加静磁场强度，即对核产生屏蔽-去屏蔽作用，屏蔽-去屏蔽作用使化学环境不同的原子核共振频率稍有变化,在核磁共振谱图中表现出不同的出峰位置,即化学位移(δ)不同。在分子中不仅核外的电子会对原子核的共振吸收产生影响,邻近原子核之间也会因为相互之间的作用(自旋耦合)影响对方的核磁共振吸收,并引起谱线增多(自旋裂分)。屏蔽效应与自旋耦合为分析分子结构提供了丰富的信息。

核磁共振波谱仪主要由磁铁、射频源(射频振荡器)、探头(样品管、射频接收器或检测器)、扫描发生器(扫描线圈)和数据处理系统等主要部分构成。

在所有核磁共振谱图的测定中,^{1}H 和 ^{13}C 核磁共振谱是最重要的谱图,分析峰形、化学位移等可以得到丰富的结构信息。图 2-17 为 4-乙基苯胺的 ^{1}H 谱分析,通过谱图能获取有关分子结构信息的重要参数如化学位移、自旋-自旋裂分、峰的积分高度等。δ 为 1.19～1.16 的三个氢是甲基氢,因与相邻亚甲基上两个氢发生自旋耦合,根据 $n+1$ 规则呈现出三重峰;δ 为 2.55～2.51 的两个氢为亚甲基,与相邻甲基的三个氢耦合呈现出四重峰;δ 为 3.46 的单峰是氨基上的氢;δ 为 6.99～6.60 的四个氢为苯环上的氢。

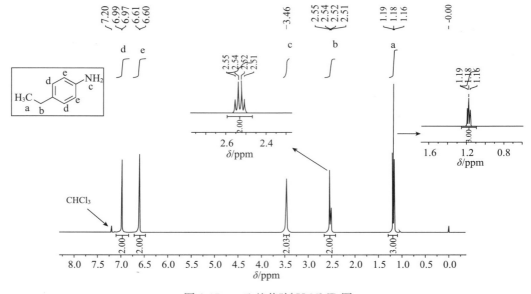

图 2-17　4-乙基苯胺 ^{1}H-NMR 图

图 2-18 为 4-乙基苯胺的 ^{13}C-NMR 归属分析。测量 ^{13}C-NMR 时需要消去所有临近质子对 ^{13}C 的耦合,去耦后的 ^{13}C-NMR 是只含有磁不等性碳原子的尖锐吸收峰,能给出有关分子结构碳骨架信息。图中 δ 为 16.02 的峰是甲基碳,δ 为 28.05 的峰是亚甲基碳,δ 为 77.40～76.89 为溶剂 CDCl$_3$ 的吸收峰(去耦中没有消去氘与碳之间耦合,呈现三重峰),而 115.35、128.64、134.50、144.10 的峰为四种不同芳碳的峰。

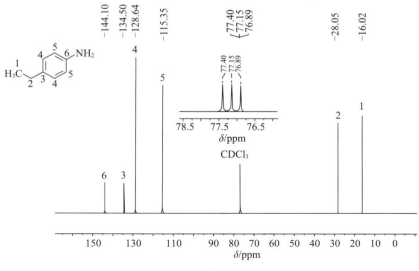

图 2-18　4-乙基苯胺^{13}C-NMR 图

3. X 射线单晶衍射仪(XRSD)

单晶衍射仪的被测对象为单晶体试样,主要用于确定未知晶体材料的晶体结构。基本原理:在一粒单晶体内部微粒是周期排列的,将 X 射线射到一粒单晶体上会发生衍射,对衍射线进行分析可以得到原子在晶体中的排列规律,即解出晶体的结构。图 2-19 为 X 射线单晶衍射仪的基本结构示意图。

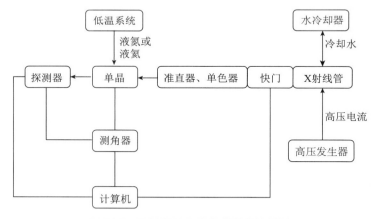

图 2-19　X 射线单晶衍射仪的基本结构

目前 CCD 面探法(四圆衍射法)是测定晶体结构应用最广泛的方法之一,其仪器为四圆衍射仪,主要由七大系统构成:机械系统、计算机系统、四圆控制系统、真空系统、X 射线发生系统、电源系统、循环冷却系统。

利用 X 射线单晶衍射仪测定单晶结构,包含 3 个方面的内容:①根据衍射线的位置,对每一条衍射线或衍射花样进行指标化,以确定晶体所属晶系,推算出单位晶胞的形状和大小;②根据单位晶胞的形状和大小、晶体材料的化学成分及其体积密度,计算每个单位晶胞的原子数;③根据衍射线的强度或衍射花样,推断出各原子在单位晶胞中的位置。

第三章　药物合成基础实验

实验一　薄层色谱分析

一、实验目的

(1)了解薄层色谱分析的原理。

(2)掌握薄层色谱分析的操作方法。

二、实验原理

在一块玻璃板上均匀地铺上吸附剂,一般厚度为 0.5～1 mm,然后通过毛细点样管进行样品的上样,并将点好样品的薄板放入层析缸中,在一定的展开剂条件下进行展开,这个方法称为薄层色谱法,又称薄层层析法。薄层色谱法是一种有效的分离方法,在药物研发过程中的反应跟踪、产品鉴定和分离中经常使用。

将待分离的混合样品点样到薄层色谱板上,然后让溶剂(流动相)通过。由于样品中各组分在吸附剂和溶剂中的吸附、溶解能力不同,因此,各组分在薄层板上随溶剂移动的速度不同,从而达到分离的目的。

在薄层板上完成分离以后,可以直接观察到有色物质分离情况。对于无色物质,如果化合物有苯环等共轭体系,可以在紫外灯下照射来观察分离情况;如果没有紫外吸收,可以通过在薄层板上喷显色剂或者放入密闭缸中,使用显色剂熏染,从而显现出相应的颜色。

三、主要仪器及试剂

仪器:薄层板、展开缸、毛细点样管、小试管。

试剂:邻硝基苯胺、对硝基苯胺、乙酸乙酯、石油醚。

四、实验内容

(1)配制标准样品和检测样品:取 3 个小试管,分别加入 1 mg 邻硝基苯胺、1 mg 对硝基苯胺、1 mg 邻硝基苯胺+1 mg 对硝基苯胺。分别加入 1 mL 甲醇,将样品完全溶解。

(2)点样:用铅笔在距离薄层板底边 1 cm 处画上起始线,在起始线上用铅笔轻轻点 3 点,间距大概为 0.5 cm,在另一端距顶边 0.5 cm 处画上前沿线。用毛细点样管分别蘸取 3 个小试管中的样品,垂直地轻轻地点在铅笔画的 3 个点上。第一次点样干后再点第二次,每次都点在同一个位置上,一般 2~3 次。点样时,使点样管液面刚好接触薄层即可,切勿点样过重而破坏薄层。

(3)展开:在展开缸中加入一定体积比的乙酸乙酯和石油醚(约 2 mL)作为展开剂,盖上玻璃盖,静置一段时间,使杯内溶剂蒸气达到饱和,然后将点样好的薄层板斜放在展开缸中,起始线必须在展开剂液面之上。当展开剂上升到溶剂前沿线时,取出薄层板,放平,晾干。

(4)分析:在紫外灯(254 nm)照射下,用铅笔画出薄层板上点的位置。在固定条件下,不同化合物在薄层板上移动的距离不同,当展开剂和温度等条件相同时,R_f 值是一个特有的常数,可以作为定性分析的依据。

五、注意事项

(1)薄层色谱最常用的固体吸附剂是硅胶,其表面含有硅醇基,载体是玻璃板或者氧化铝制板,比较容易吸潮。在使用的时候,应注意保持薄层色谱板的干燥,可以放在干燥器中储存,避免吸潮,影响分离效果。如果薄层色谱板已经吸潮,可以通过加热除去水分,也称为薄层板的活化。

(2)如果展开剂是易挥发的溶剂,在加入展开剂后,可以将展开缸密闭 30 s,再将薄层板放进展开缸展开,可以达到较好的分离效果。

(3)展开剂的液面高度不应超过起始线,否则样品可能溶解在展开剂中,将极大影响分离效果。

六、思考题

(1)对于不同极性的样品,如何调整展开剂和比例,来达到较好的 R_f 值?

(2)邻硝基苯胺和对硝基苯胺,哪个展开速度更快?原因是什么?

实验二　柱层析分离

一、实验目的

掌握柱层析分离的原理及操作方法。

二、实验原理

将硅胶等固定相装于色谱柱中,流动相为液体,基于液固吸附的原理,样品沿竖直方向由上向下移动,从而达到分离目的,这种纯化方法称为柱层析,又叫柱色谱。柱层析法广泛用于有机化合物、天然产物和生物大分子等的分离中。

由于吸附剂对样品中不同极性的各组分吸附能力不同,吸附较弱的组分随溶剂以较快的速度向下移动,吸附较强的组分向下移动的速度较慢,因此达到了分离的效果。

三、主要仪器及试剂

仪器:色谱柱、储液球、玻璃漏斗、烧杯、锥形瓶、双联球、量筒、滴管、薄层板、展开缸、毛细点样管。

试剂:层析用硅胶、邻硝基苯胺、对硝基苯胺、乙酸乙酯、石油醚。

四、实验内容

(1)装柱:装好层析柱是柱层析成功的关键,可以采用湿法装柱或者干法装柱,这里我们选择常用的湿法装柱。将已洗净、烘干的色谱柱固定于铁架台上,注意柱身应该与桌面垂直。将石油醚 30 mL 装入色谱柱内(具体体积根据需要装的色谱柱体积进行调整),打开旋塞,在溶剂缓慢流出的同时,将 20 g 硅胶通过干燥的漏斗慢慢加入色谱柱,使其在管中渐渐下沉,边加边用双联球击打柱身,以排除空气,填装后做到均匀而无裂缝。硅胶加入完毕后,继续让溶剂流出,可以使用双联球进行多次加压,把柱子压实,增加柱子的紧密度,注意,过程中,液面高度始终在硅胶顶面 1 cm 以上,待柱子装好后,最终使溶液液面高出硅胶面 1 cm 左右,关闭旋塞,备用。

（2）加样：将配好的混合溶液（0.5 g 邻硝基苯胺＋0.5 g 对硝基苯胺溶解在 3 mL 乙酸乙酯中）沿柱壁加入色谱柱中，当样品液面在硅胶顶部约 1 cm 时，用少量溶剂洗下柱壁上的样品物质，重复两三次，直到洗净为止。

（3）洗脱分离：在柱子顶部装上储液球，缓慢加入 300 mL 洗脱剂（乙酸乙酯和石油醚按照一定比例配制而成）。调整旋塞，洗脱液按照一定速度流出，柱层析开始，使用锥形瓶进行收集，配合 TLC 跟踪检测，完成邻硝基苯胺和对硝基苯胺的分别收集。

操作流程见图 3-1。

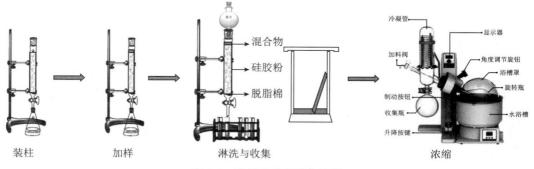

图 3-1 柱层析分离操作流程

五、注意事项

（1）色谱柱及吸附剂在使用前应该保证干燥，否则因为水分的增加，分离效果可能明显减弱。

（2）吸附剂的用量与待分离的样品性质有关，应提前进行考察。

（3）层析柱中尽量不要有空气，且柱子应该竖直，填装均匀，否则影响分离效果。

六、思考题

（1）TLC 的展开剂的配比对洗脱剂的配比有什么指导作用？

（2）洗脱剂的流速对分离效果有什么影响？

（3）馏出液的接收容器大小，如何选择？

实验三　旋转蒸发浓缩产品

一、实验目的

掌握旋转蒸发仪的原理及操作方法。

二、实验原理

旋转蒸发仪在药物合成研究中使用广泛,可以在较低温度下,实现对产品的快速浓缩、干燥。其原理是通过电子控制,使蒸馏烧瓶中的待浓缩样品在恒速旋转的状态下形成薄膜以增大蒸发面积。通过真空泵使得烧瓶处于负压状态,在一定的温度下,实现烧瓶中溶液的快速蒸发。

三、主要仪器及试剂

仪器:旋转蒸发装置、卡口。
试剂:1 g 对硝基苯胺溶于 100 mL 乙醇配制的溶液。

四、实验内容

(1)检查旋转蒸发仪的气密性,打开冷凝水。

(2)在烧瓶中加入待蒸馏液体,体积不能超过 2/3。装好烧瓶,用卡口卡牢。

(3)打开水泵,关闭旋转蒸发仪加料阀,抽真空,待烧瓶吸住后,通过升降控制开关将烧瓶置于水浴内。

(4)打开旋转蒸发仪的电源,慢慢向右旋,调整至稳定的转速。

(5)在设定的温度下,旋转蒸发。

(6)蒸发完后,通过升降控制开关使烧瓶离开水浴,关闭旋转按钮,停止旋转。打开真空活塞,使体系通大气,取下烧瓶,关闭水泵。

(7)将目标产物从烧瓶中刮出,称重。

操作流程见图 3-2。

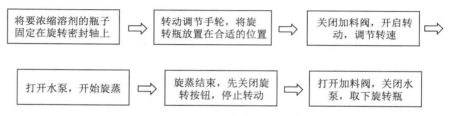

图 3-2　旋转蒸发仪操作流程

五、注意事项

（1）使用旋转蒸发仪进行样品浓缩前,应检查仪器的气密性,在各个磨口、密封面等处涂上一层真空脂。

（2）溶剂不应超过瓶子的 2/3,旋转速度应该控制,避免发生冲料。

（3）玻璃仪器应该轻拿轻放,浓缩完毕后,应该先停止旋转,再缓慢打开放气阀。

六、思考题

（1）简述旋转蒸发仪的结构原理?

（2）在使用旋转蒸发仪前,为什么要检查气密性?

实验四　水蒸气蒸馏

一、实验目的

(1)熟练掌握常量水蒸气蒸馏仪器的组装和使用方法。
(2)了解水蒸气蒸馏的基本原理和应用条件。

二、实验原理

　　水蒸气蒸馏常用于液体化合物的纯化,原理是依据道尔顿分压定律,两种互不相同的液体混合物的蒸气压等于两种液体单独存在时的蒸气压之和。在两种液体的蒸气压之和等于大气压时开始沸腾,所以液体混合物的沸点比每一种物质单独存在时的沸点低。当待纯化液体是不溶于水的物质时,通过水蒸气蒸馏,可以在比该物质沸点低得多的温度下,与水一起蒸馏出来。

三、主要仪器及试剂

仪器:水蒸气发生器、圆底烧瓶、蒸馏头、冷凝管、接收瓶、油浴锅。
试剂:乙酸正丁酯。

四、实验内容

　　(1)搭建好水蒸气蒸馏装置(图3-3),检查气密性,将50 mL乙酸正丁酯加入圆底烧瓶中,水蒸气发生器中加入占容器3/4的水,并加入2~3粒沸石。
　　(2)先打开T形管螺旋夹,加热水蒸气发生器至沸腾,当有大量水蒸气产生时,旋紧螺旋夹,水蒸气进入蒸馏部分,开始蒸馏。控制蒸馏速度,以每秒2~3滴为宜。
　　(3)当馏出液澄清透明,不再有油状物时,停止蒸馏。此时,应注意先旋开螺旋夹,然后停止加热。
　　(4)将馏出液倒入分液漏斗中,静置,将水层分出去,得到乙酸正丁酯。

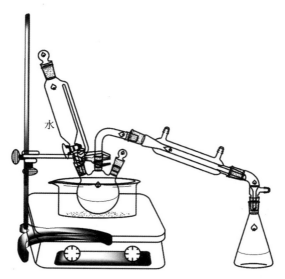

图 3-3　水蒸气蒸馏装置

五、注意事项

（1）在进行水蒸气蒸馏前，应注意检查装置的气密性。

（2）蒸馏过程中，应该注意观察安全管水位上升情况，如果水位上升很高或者很快，应该立即解决。

六、思考题

利用水蒸气蒸馏进行纯化，被提纯物质应该具有什么条件？

实验五 苯氧乙酸的制备

一、实验目的

熟悉 Williamson 醚化反应的方法,掌握反应机理,熟悉投料相关的细节,掌握反应跟踪方法和结晶纯化方法。

二、实验原理

制备路线:

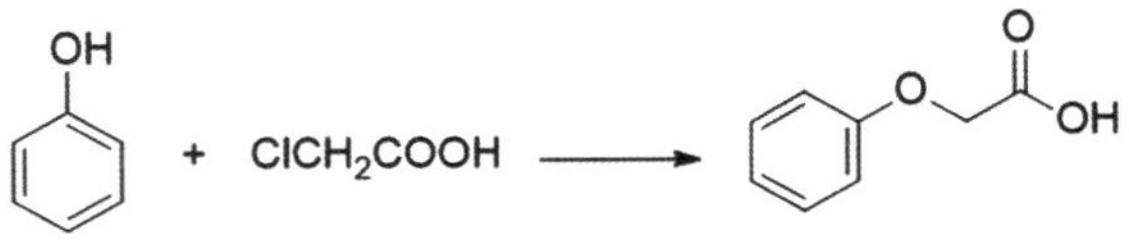

三、主要仪器及试剂

仪器:磁力搅拌器、滴液漏斗、三口烧瓶、冷凝管、布氏漏斗、抽滤瓶和烧杯。
药品:氯乙酸、碳酸钠、苯酚、浓盐酸。

四、实验内容

(1)将氯乙酸 3.8 g,水 5 mL 依次加入三口烧瓶中,三口烧瓶上分别装上冷凝管、滴液漏斗,搭建好反应装置,磁力搅拌器中的加热介质为四甲基硅油,开启搅拌。

(2)在室温条件下,缓慢滴加饱和碳酸钠溶液,调节 pH 至 7~8,加入苯酚 2.6 g,继续搅拌,缓慢滴加 30% 氢氧化钠溶液至 pH=12,开启加热,回流。

(3)其间使用 TLC 监测反应过程,至原料苯酚反应完全,反应时间约 0.5 h。

(4)反应结束后,关闭加热,倒入烧杯中,边搅拌边滴加浓盐酸至 pH 为 3~4,冷却结晶,抽滤,粗品使用冷水洗涤,干燥称重,计算收率。

操作流程见图 3-4。

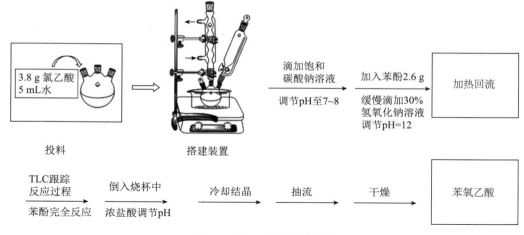

图 3-4　苯氧乙酸的制备流程

五、思考题

（1）本实验投料顺序与其他常见实验有何不同？为什么？

（2）为什么应该先滴加饱和碳酸钠溶液，调节 pH 至 7～8，再加入苯酚进行反应？

（3）反应最后滴加盐酸的目的是什么？为什么 pH 要在 3～4？

实验六 查尔酮的制备

一、实验目的

了解羟醛缩合(Aldol condensation)反应的机理、条件和具体的实验操作。

二、实验原理

制备路线:

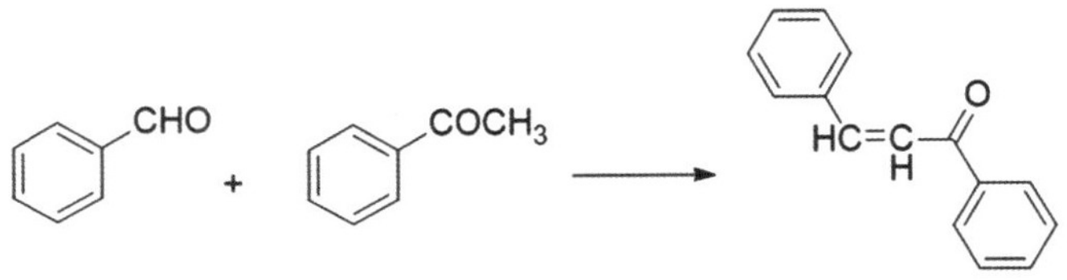

三、主要仪器及试剂

仪器:磁力搅拌器、温度计、三口烧瓶、冷凝管、布氏漏斗、抽滤瓶和烧杯。
药品:苯甲醛、苯乙酮、乙醇、氢氧化钠。

四、实验内容

(1)将氢氧化钠水溶液(2.2 g 氢氧化钠溶于 20 mL 水中)、95％的乙醇 15 mL、苯乙酮 5.2 g,加入 100 mL 三口烧瓶中。三口烧瓶分别装上冷凝管、滴液漏斗和温度计,搭建好反应装置,磁力搅拌器中的介质为水,开启搅拌。

(2)控制水浴温度在 20 ℃左右,缓慢滴加苯甲醛 4.6 g,滴加过程中,控制反应液温度在 20～25 ℃。

(3)滴加完毕后,在 20 ℃左右反应 0.5 h,TLC 跟踪反应过程。

(4)反应结束后,加入少量查尔酮作为晶种,继续搅拌 1.5 h 左右,有大量固体析出。

(5)抽滤,滤饼用冰水洗至中性,真空干燥后,得到目标产物,计算收率。

操作流程见图 3-5。

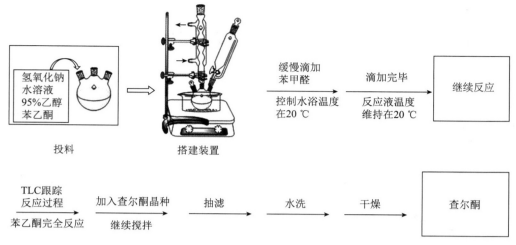

投料　　　　　　　搭建装置

图 3-5　查尔酮的制备流程

五、思考题

（1）为什么该产品析出晶体比较困难？除了加入晶种，还有其他方法吗？

（2）滴加过程，速度过快，可能会造成什么影响？

实验七　乙酰水杨酸的制备及提纯

一、实验目的

(1)了解乙酰化反应的机理、条件。
(2)掌握减压抽滤和结晶技术。

二、实验原理

制备路线:

三、主要仪器及试剂

仪器:单口圆底烧瓶、烧杯、磁力搅拌器、橡胶塞、温度计、玻璃棒、布氏漏斗、表面皿、药匙、量筒、真空干燥箱。

药品:水杨酸、乙酸酐、饱和碳酸氢钠、浓盐酸、浓硫酸、蒸馏水、1% $FeCl_3$溶液。

四、实验内容

(1)将 5 mL 新蒸馏过的乙酸酐、2.0 g 水杨酸和 5 滴浓硫酸加入 100 mL 的圆底烧瓶中,磁力搅拌使水杨酸完全溶解。

(2)水浴条件下(85~90 ℃),加热 15 min 左右,TLC 跟踪反应情况。

(3)反应完毕后,将反应液倒入 150 mL 的烧杯中,冷却至室温。向烧杯中加入 30 mL 冷水,边加边快速搅拌,用冰水浴冷却 10 min,有大量晶体析出。

(4)抽滤,滤饼使用冰水多次洗涤,得到乙酰水杨酸粗品。

(5)将粗品加入 100 mL 烧杯中,缓慢加入 25 mL 饱和碳酸氢钠溶液,产生大量气体,固体大部分溶解,至无气体产生。

(6)抽滤,除去固体(没有溶解的水杨酸),滤液使用 5 mL 水洗涤,将滤液转移至

100 mL 的烧杯中,缓慢加入 15 mL 4 mol/L 的盐酸,边加边搅拌,有大量气泡产生。

(7)将烧杯放入冰水浴中冷却 20 min,有大量晶体析出,抽滤,滤饼使用 3 mL 冰水洗涤两次。干燥,得到乙酰水杨酸纯品。

(8)产品纯度检验:取几粒结晶,加水 5 mL,加入 2 滴 1‰ $FeCl_3$ 溶液,观察颜色变化。

实验流程见图 3-6。

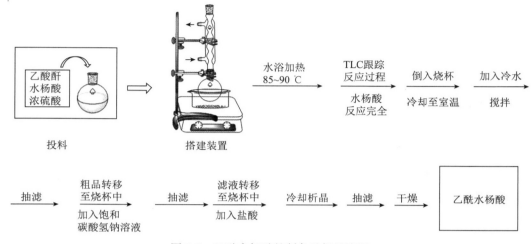

图 3-6 乙酰水杨酸的制备及提纯流程

五、注意事项

(1)乙酸酐加热容易水解,反应所用的仪器应确保干燥,乙酸酐在使用的时候应该重蒸。

(2)乙酰水杨酸受热容易分解,分解温度为 126~135 ℃,重结晶时间不宜过长,干燥的时候应该控制温度,选择自然晾干较好。

六、思考题

(1)生成乙酰水杨酸的同时,水杨酸分子之间可能发生缩合反应,生成少量聚合物,该如何除去?可以采取什么措施减少聚合物的产生?

(2)水杨酸与乙酸酐反应时,浓硫酸的作用是什么?是否可以换成其他试剂?

实验八　对氨基苯甲酸的制备

一、实验目的

(1)掌握还原反应的原理及操作。
(2)掌握通过调整酸碱度来进行产物纯化的方法。

二、实验原理

制备路线：

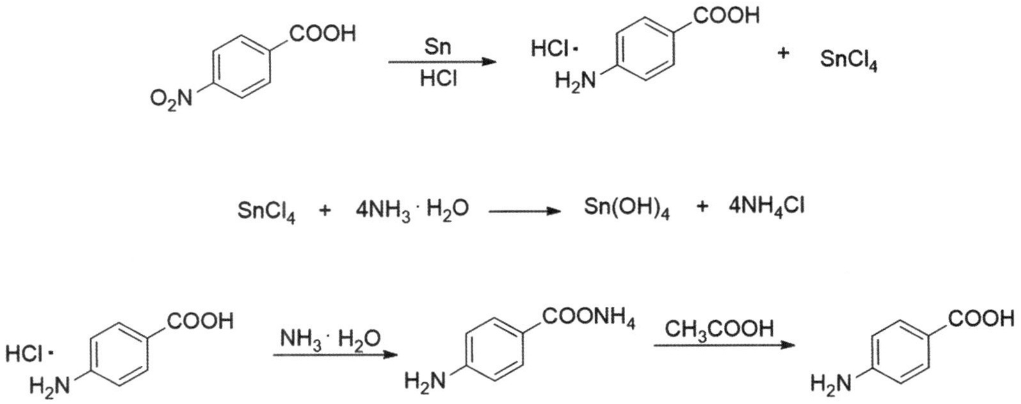

三、主要仪器及试剂

仪器：三口烧瓶、冷凝管、滴液漏斗、磁力搅拌器、玻璃棒、布氏漏斗、药匙、真空干燥箱。

药品：对硝基苯甲酸、锡粉、浓盐酸、浓硫酸、浓氨水、冰醋酸。

四、实验内容

(1)将 4 g 对硝基苯甲酸、9 g 锡粉和磁力搅拌子，加入 250 mL 三口烧瓶中，安装冷凝管和滴液漏斗。

(2)开启磁力搅拌，缓慢滴加浓盐酸，滴加完毕后，加热到 90 ℃，回流反应 30 min，反应体系呈透明状。

（3）反应液降至室温后，慢慢滴加氨水，不断搅拌，使溶液刚好到碱性，反应液的总体积不超过 55 mL，可加热浓缩。

（4）抽滤，除去固体氢氧化锡，滤液转移至烧杯中，向滤液中缓慢滴加冰醋酸，有白色晶体析出，继续滴加冰醋酸，使用蓝色石蕊试纸检验水溶液呈酸性为止。

（5）反应液用冰水冷却 20 min，抽滤，得到白色固体，晾干后称重，得到目标产物对氨基苯甲酸。

实验流程见图 3-7。

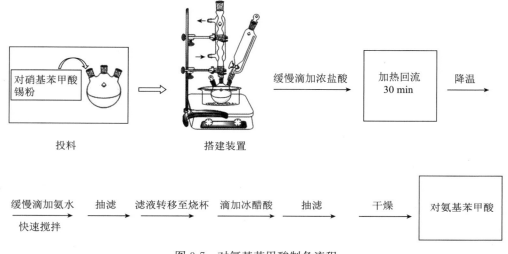

图 3-7　对氨基苯甲酸制备流程

五、注意事项

滴加冰醋酸的时候应该注意速度不能过快。

六、思考题

（1）本实验是如何通过调节 pH 来进行产品初步纯化的？

（2）为什么滴加氨水后，应该使溶液刚好呈碱性？过量会造成什么影响？

（3）加入氨水后，为什么反应液的体积不能超过 55 mL？

实验九　对氯苯甲酸的制备

一、实验目的

掌握氧化反应的类型。

二、实验原理

制备路线：

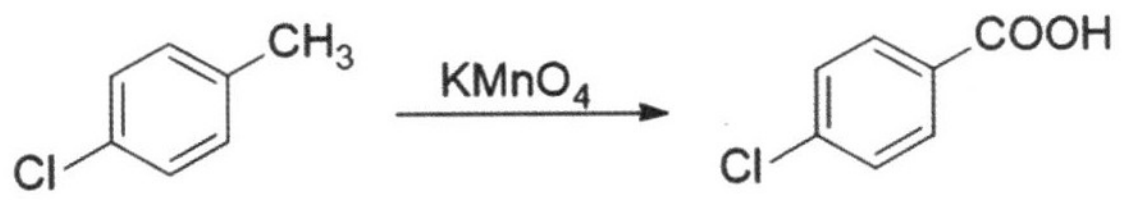

三、主要仪器及试剂

仪器：恒温加热磁力搅拌器、球形冷凝管、三口烧瓶、量筒、滴液漏斗、温度计、pH 试纸、天平、烧杯、玻璃棒、表面皿、减压抽滤装置。

试剂：对氯甲苯、高锰酸钾、浓盐酸、乙醇。

四、实验内容

（1）250 mL 三口烧瓶中加入对氯甲苯 3.1 g，水 20 mL，装上温度计、球形冷凝管和滴液漏斗，开启搅拌。

（2）加热到 75 ℃，缓慢滴加高锰酸钾水溶液（6.4 g 高锰酸钾溶解于 100 g 水中），控制滴加速度，反应液温度不超过 90 ℃。

（3）滴加完毕后，继续在 90 ℃条件下反应 4 h，TLC 跟踪反应，反应结束后，冷却至室温。

（4）抽滤，滤饼使用少量水洗涤两次，滤液转移至烧杯中，在冰浴条件下，加入浓盐酸酸化至 pH＝2，边加边搅拌，有大量固体析出。

（5）抽滤，得到粗品，使用乙醇重结晶，得到对氯苯甲酸纯品。

操作流程见图 3-8。

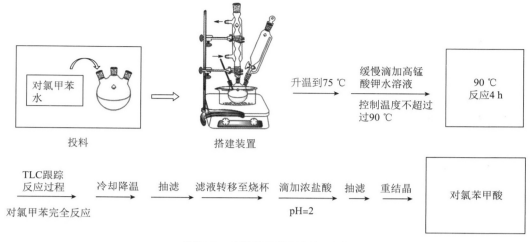

图 3-8　对氯苯甲酸的制备流程

五、注意事项

滴加高锰酸钾水溶液时,应该时刻关注反应液温度,不要超过 90 ℃。

六、思考题

(1)本实验选择高锰酸钾作为氧化剂的优势是什么？能否换成其他氧化剂？

(2)实验中为什么加入高锰酸钾水溶液？分批次加入高锰酸钾固体有什么缺点？

实验十 肉桂酸的制备

一、实验目的

(1)学习通过珀金反应(Perkin reaction)制备肉桂酸的原理和方法。
(2)巩固水蒸气蒸馏的原理及操作,重结晶的方法。

二、实验原理

芳香醛与酸酐在碱性催化剂存在下,生成不饱和芳香酸,称为珀金反应。
制备路线:

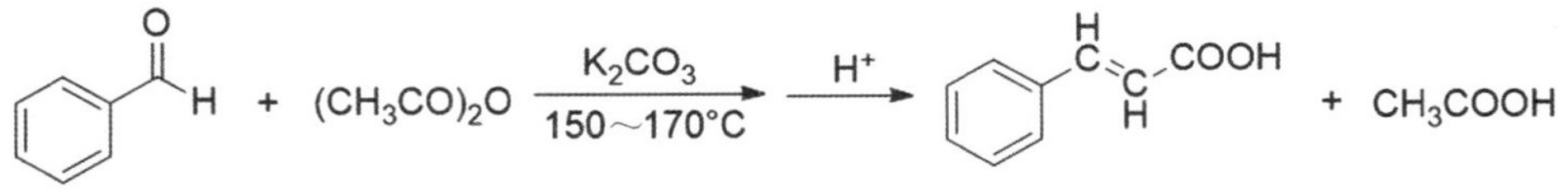

三、主要仪器及试剂

仪器:恒温加热磁力搅拌器(油浴)、研钵、冷凝管、三口烧瓶、玻璃棒、表面皿、减压抽滤装置。

试剂:苯甲醛、乙酸酐、无水碳酸钾、10%氢氧化钠溶液、浓烟酸、刚果红试纸。

四、实验内容

(1)向 100 mL 三口烧瓶中加入研磨好的无水碳酸钾 2.2 g、苯甲醛 1.5 mL 及乙酸酐 4 mL,装入球形冷凝管,干燥管,搭建回流装置,混合均匀后,搅拌,加热到 170 ℃,回流 1 h。

(2)停止加热,待反应冷却后,将装置改装成水蒸气蒸馏装置,装上恒压漏斗,加入 15~20 mL 热水,进行水蒸气蒸馏至馏出液无油珠为止。

(3)馏出液冷却后,加入 10 mL 10%氢氧化钠溶液,使得所有肉桂酸形成钠盐而溶解。抽滤,将滤液倒入烧杯中,在搅拌下慢慢滴加浓盐酸至刚果红试纸变蓝。

(4)使用冷却水冷却结晶,待结晶完全后抽滤,用少量冷水洗涤滤饼几次,滤饼干燥后,得到肉桂酸粗品。

　　(5)使用水：乙醇＝3：1的体积比的溶液,进行肉桂酸粗品的重结晶。

　　实验流程见图 3-9。

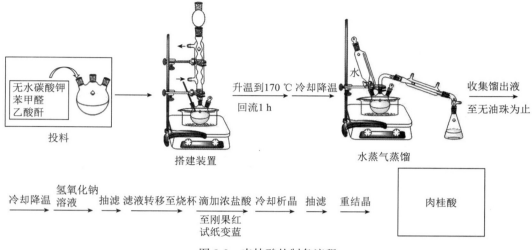

图 3-9　肉桂酸的制备流程

五、注意事项

　　(1)乙酸酐加热时会发生水解,所有反应仪器应充分干燥,无水碳酸钾要预先烘干。

　　(2)乙酸酐和苯甲醛长久放置会变质,使用前应重新蒸馏。

六、思考题

　　(1)水蒸气蒸馏装置中安全管和 T 形管的作用分别是什么?

　　(2)反应温度为什么控制在低于 170 ℃? 温度过高会造成什么影响?

实验十一　美沙拉秦的合成

一、实验目的

(1)合成美沙拉秦。
(2)学习还原反应的原理及其基本操作。
(3)熟悉重结晶的操作。

二、实验原理

制备路线：

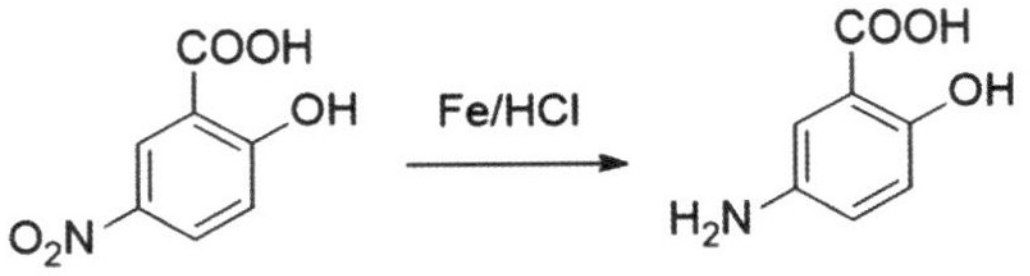

三、主要仪器及试剂

仪器：三口烧瓶、恒温加热磁力搅拌器(水浴)、搅拌子、球形冷凝管、烧杯、布氏漏斗、抽滤瓶。

试剂：浓盐酸、铁粉、5-硝基-2-羟基苯甲酸、氢氧化钠、保险粉、40％硫酸、活性炭、氨水。

四、实验内容

(1)美沙拉秦的合成。往 500 mL 三口烧瓶中加入 250 mL 蒸馏水、17 mL 浓盐酸、铁粉(14 g,0.25 mol),装上球形冷凝管,加热回流后,交替加入铁粉(38 g,0.50 mL)和 5-硝基-2-羟基苯甲酸(41 g,0.22 mol),加完后,继续回流搅拌 1 h。反应完全,冷却后,在搅拌下用 40％的 NaOH 溶液调至碱性,抽滤,滤渣用水洗,合并滤液,向其中加入保险粉 5.6 g,搅拌反应 20 min,抽滤,滤液在搅拌下用 40％硫酸溶液调至 pH 2~3,析出灰色固体,过滤,干燥得产品,称重,计算产率。

(2)精制。向上述所得的粗品中加入 410 mL 水、18.5 mL 浓盐酸、1 g 活性炭,加热回流数分钟后趁热过滤,冷却,滤液用 15％的氨水调 pH 至 2～3,析出灰白色固体,冷却过滤,水洗,干燥后得精制产品。计算产率。

操作流程见图 3-10。

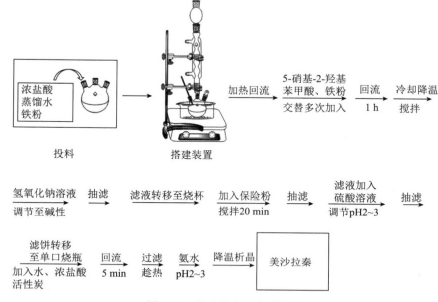

图 3-10　美沙拉秦的合成流程

五、注意事项

铁粉还原时,铁粉和 5-硝基-2-羟基苯甲酸应交替加入,根据反应情况,控制每次加入量和加入频率。

六、思考题

(1)铁粉还原时,交替加入铁粉的目的是什么?

(2)加入保险粉的目的是什么?

(3)还原的机理是什么?

实验十二　二氢吡啶钙通道阻滞剂的合成

一、实验目的

学习环合反应的种类、特点和操作条件。

二、实验原理

制备路线（Et 代表乙基，—CH₂CH₃）：

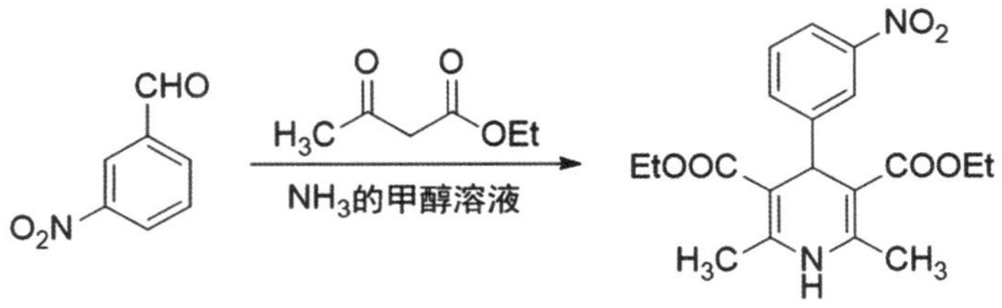

三、主要仪器及试剂

仪器：单口烧瓶、恒温加热磁力搅拌器（水浴）、搅拌子、球形冷凝管、烧杯、布氏漏斗、抽滤瓶、常压蒸馏装置。

试剂：间硝基苯甲醛、乙酰乙酸乙酯、氨的甲醇饱和溶液、95％乙醇。

四、实验内容

（1）二氢吡啶钙通道阻滞剂的合成：将间硝基苯甲醛 5 g，乙酰乙酸乙酯 9 mL，氨的甲醇饱和溶液 30 mL 加入 100 mL 单口烧瓶中，装上球形冷凝管，搭建回流装置，开启搅拌，回流 5 h。TLC 跟踪反应情况，间硝基苯甲醛反应完全后，改成蒸馏装置，蒸出甲醇至有结晶析出为止，抽滤，得到二氢吡啶钙通道阻滞剂的粗品。

（2）二氢吡啶钙通道阻滞剂的纯化：取二氢吡啶钙通道阻滞剂粗品，加入 95％乙醇重结晶，计算产率。

操作流程见图 3-11。

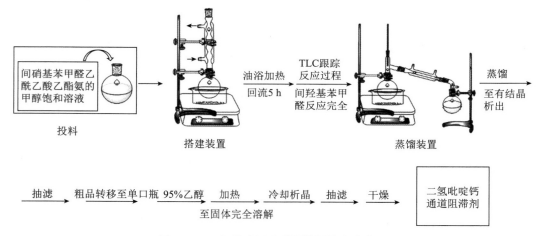

图 3-11　二氢吡啶钙通道阻滞剂的合成流程

五、思考题

常用干燥方法有哪些？间硝基苯甲醛能否在红外下干燥？

实验十三　苯甲酰基苯胺的制备

一、实验目的

学习贝克曼重排(Beckmann rearrangement)反应,掌握重排反应的特点。

二、实验原理

制备路线(PPA 代表多聚磷酸):

三、主要仪器及试剂

仪器:单口烧瓶、恒温加热磁力搅拌器(水浴)、搅拌子、球形冷凝管、烧杯、布氏漏斗、抽滤瓶。

试剂:二苯甲酮、羟胺盐酸盐、乙醇、多聚磷酸。

四、实验内容

(1)二苯甲酮肟的合成。将 2.5 g 二苯甲酮、1.5 g 羟胺盐酸盐、5 mL 乙醇和 1 mL 水加入 150 mL 单口烧瓶中,装上球形冷凝管,搭建反应装置,开启搅拌,加入 20 粒固体氢氧化钠,加热到沸腾,保持 10 min,关闭加热,降至室温。将 8 mL 浓盐酸和 50 mL 水加入烧杯中,将反应液倒入烧杯中,有大量二苯甲酮肟析出。冷却降温后抽滤,用少量冷水洗涤,使用 20 mL 乙醇重结晶。抽滤,干燥得到二苯甲酮肟。

(2)苯甲酰基苯胺的合成。将 25 mL 多聚磷酸(PPA)、二苯甲酮肟加入 100 mL 的单口烧瓶中,装上球形冷凝管,搭建反应装置,开启搅拌。缓慢升温到 100 ℃,重排反应发生,保持 10 min。充分搅拌下升温至 125~130 ℃,保温 20 min 后,停止加热,静置自然降温,将黏稠液小心倒入 350 mL 左右的冰水中,不断搅拌,有大量白色固体析出,抽滤,用少量冷水洗涤,并用约 20 mL 乙醇重结晶,得到苯甲酰基苯胺。

操作流程见图 3-12。

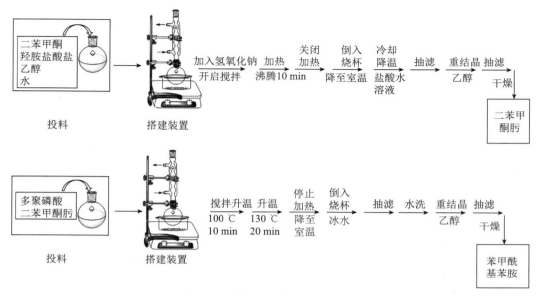

图 3-12　苯甲酰基苯胺的制备流程

五、思考题

(1)二苯甲酮肟析出时,加浓盐酸的作用是什么?

(2)二苯甲酮肟的重排原理是什么?

实验十四 8-羟基喹啉的制备

一、实验目的

(1)学习 Skraup 反应原理。
(2)掌握水蒸气蒸馏的操作。

二、实验原理

制备路线：

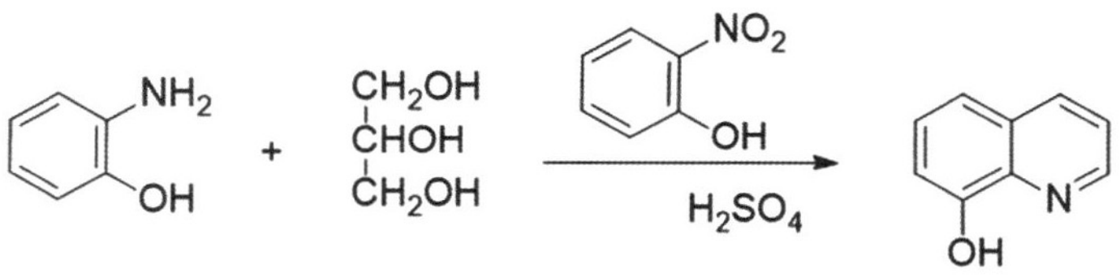

三、主要仪器及试剂

仪器：三口烧瓶、恒温加热磁力搅拌器(水浴)、搅拌子、球形冷凝管、恒压滴液漏斗、水蒸气蒸馏装置、烧杯、布氏漏斗、抽滤瓶。

试剂：无水甘油、邻氨基苯酚、邻硝基苯酚、浓硫酸、氢氧化钠、碳酸氢钠、乙醇、蒸馏水。

四、实验内容

将 4 mL 无水甘油、0.9 g 邻硝基苯酚和 1.4 g 邻氨基苯酚加入干燥的 100 mL 三口烧瓶中，装上滴液漏斗、球形冷凝管，搭建反应装置。开启搅拌，缓慢滴加 2.3 mL 浓硫酸，滴加完毕，缓慢升温，待溶液微沸时，关闭热源，反应较剧烈，待反应状态缓和后，打开热源，过程中保持反应液处于微沸状态 1.5～2 h。反应结束后，稍微降温。

换成水蒸气蒸馏装置，除去未反应的邻硝基苯酚，反应液降至室温，加入氢氧化钠水溶液(3 g 氢氧化钠溶解于 3 mL 水中)，再缓慢滴加饱和碳酸氢钠水溶液，至中性为止。再进行水蒸气蒸馏，蒸出 8-羟基喹啉。馏出物充分冷却后，析出大量固体，抽滤，洗涤,干燥后得 8-羟基喹啉粗品 2.5 g 左右。粗品使用乙醇：水＝4：1(体积比)混合溶剂重结晶,得到白色针状结晶。

操作流程见图 3-13。

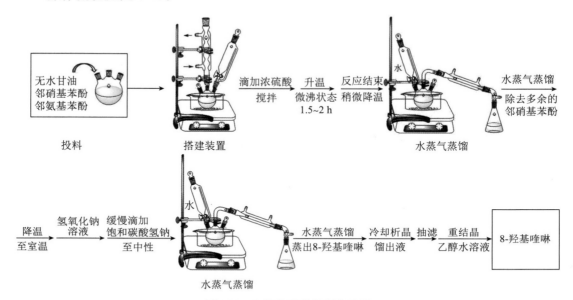

图 3-13 8-羟基喹啉的制备流程

五、思考题

(1)试剂加入顺序对反应有什么影响?

(2)为什么反应过程中要保持微沸状态?

实验十五 二苄叉丙酮的制备

一、实验目的

(1)学习羟醛缩合反应原理。
(2)掌握不饱和醛酮的制备方法。

二、实验原理

制备路线：

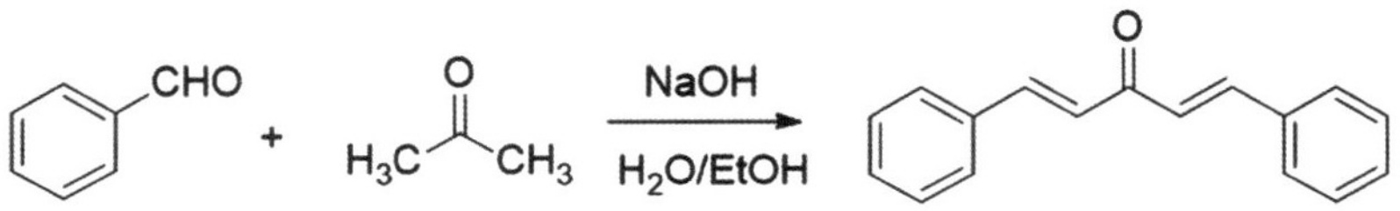

三、主要仪器及试剂

仪器：三口烧瓶、恒温加热磁力搅拌器(水浴)、搅拌子、球形冷凝管、恒压滴液漏斗、温度计、烧杯、布氏漏斗、抽滤瓶。

试剂：氢氧化钠、95％乙醇、水、苯甲醛、丙酮。

四、实验内容

将 2.5 g 氢氧化钠、25 mL 水和 20 mL 95％乙醇加入 100 mL 三口烧瓶中，装上冷凝管、滴液漏斗和温度计，冷却到 20 ℃(可以水浴降温)。开启搅拌，调至高速，配制苯甲醛和丙酮的混合溶液(2.65 g 新蒸的苯甲醛和 0.73 g 丙酮)，通过滴液漏斗，缓慢滴加到反应瓶中，滴加过程中，控制反应温度在 20～25 ℃。滴加完毕后，继续搅拌 45 min。TLC 跟踪反应过程，待苯甲醛完全反应，抽滤，滤饼使用少量水洗，得到二苄叉丙酮粗品。使用 95％乙醇重结晶，得到目标产物。

操作流程见图 3-14。

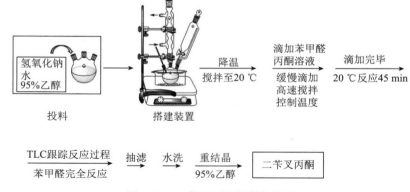

图 3-14　二苄叉丙酮的制备流程

五、思考题

（1）苯甲醛使用前为什么需要重新蒸馏？

（2）为什么要控制丙酮的量？

实验十六　对叔丁基苯酚的制备

一、实验目的

(1)学习弗里德·克拉夫茨反应(Friedel-Crafts reaction)原理。
(2)掌握无水操作及气体吸收等基本操作。

二、实验原理

制备路线：

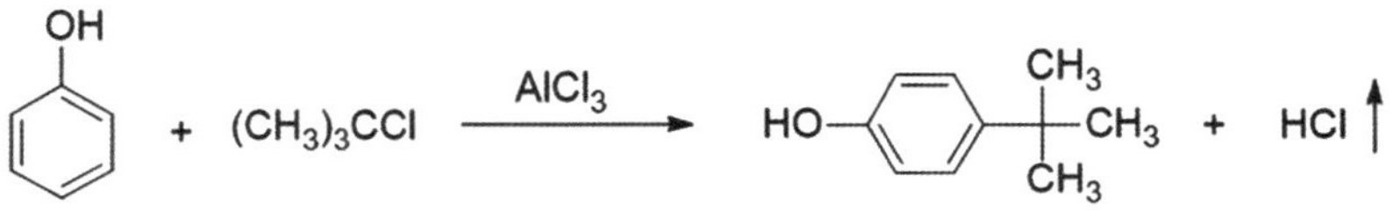

三、主要仪器及试剂

仪器：三口烧瓶、恒温加热磁力搅拌器(水浴)、搅拌子、球形冷凝管、恒压滴液漏斗、温度计、烧杯、布氏漏斗、抽滤瓶。

试剂：氢氧化钠、95%乙醇、水、苯甲醛、丙酮。

四、实验内容

(1)将 1.6 g 苯酚加入 50 mL 三口烧瓶中，装上冷凝管、滴液漏斗和氯化钙干燥管，连接气体吸收装置，搭建好反应装置。开启搅拌，缓慢滴加 2.2 mL 叔丁基氯，至苯酚完全溶解。称取 0.2 g 无水三氯化铝，分批加入反应瓶中，观察反应的状态，如果反应混合物发热，产生大量气泡，可以用冰水浴冷却。

(2)将 8 mL 水和 1 mL 浓盐酸加入烧杯中，反应液缓慢倒入烧杯，有大量白色固体析出，固体容易结块，将块状物捣碎成细小颗粒。抽滤，少量水洗，粗产物用石油醚重结晶，得白色或者淡黄色对叔丁基苯酚纯品。

操作流程见图 3-15。

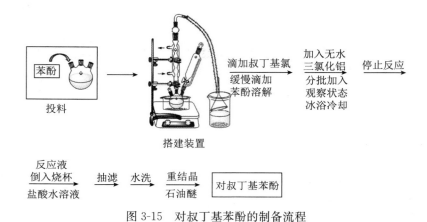

图 3-15　对叔丁基苯酚的制备流程

五、思考题

(1)如何确定三氯化铝是否变质？

(2)为什么要分批加入无水三氯化铝？

第四章　药物合成综合实验

实验一　苯妥英钠的合成

一、实验目的

学习安息香缩合反应的原理和应用维生素 B_1（盐酸硫胺）为催化剂进行反应的实验方法。

二、原料药介绍及合成路线

苯妥英钠为抗癫痫药,适于治疗癫痫大发作,也可用于三叉神经痛,以及某些类型的心律不齐。苯妥英钠化学名为 5,5-二苯基乙内酰脲钠,为白色粉末,无臭、味苦。微有吸湿性,易溶于水,能溶于乙醇,几乎不溶于乙醚和氯仿。

合成路线如下:

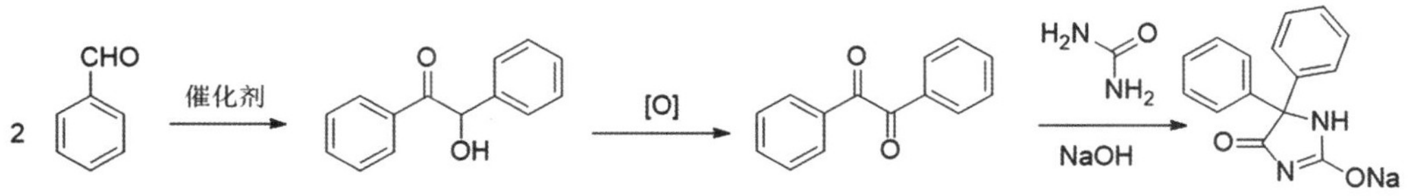

三、主要仪器及试剂

仪器:圆底烧瓶、恒温加热磁力搅拌器(水浴)、恒压滴液漏斗、温度计、球形冷凝管、三口烧瓶、减压抽滤装置、烧杯。

试剂:盐酸硫胺、95％乙醇、氢氧化钠、苯甲醛、三氯化铁、冰醋酸、尿素、浓盐酸、活性炭、氯化钠。

四、实验内容

1. 二苯乙醇酮的制备

室温下,在 100 mL 三口烧瓶中加入盐酸硫胺 0.9 g、蒸馏水 3 mL 和 95%乙醇 7.5 mL,搭建反应装置,开启搅拌,在冰浴冷却下缓慢滴加 15%氢氧化钠溶液(约 8 mL),调节 pH 达到 9~10,再加入新蒸苯甲醛溶液 5 mL,控制反应液 pH 达到 9~10 (观察反应液颜色),在 70 ℃水浴中反应 90 min。反应毕,冷却静置析晶,抽滤收集粗品,称重。必要时用 95%乙醇重结晶,精品质量为 3.6 g,熔点为 34.2~34.6 ℃,白色针状结晶。

2. 联苯甲酰的制备

将三氯化铁 20 g、冰醋酸 24 mL、蒸馏水 12 mL 加入 100 mL 三口烧瓶中,装上温度计、球形冷凝管,搭建反应装置。加热沸腾后投入二苯乙醇酮(约 4 g),回流 50 min,TLC 跟踪反应情况,反应完全后停止反应,冷却,结晶,得黄色结晶,抽滤,水洗,干燥,得产品(约 4 g)。

3. 苯妥英的制备

将联苯甲酰(约 4 g)、尿素 2.4 g、15%氢氯化钠溶液 13 mL、95%乙醇 20 mL 加入 100 mL 三口烧瓶中,装上温度计、球形冷凝管,搭建反应装置,加热回流反应 2 h,TLC 跟踪反应情况,冷却到室温。加入 50 mL 冷水,充分搅拌,抽滤除去黄色副产物沉淀。滤液用 15%HCl 溶液酸化至 pH 4~5,放置,抽滤,干燥得苯妥英产品(适量冷水洗涤)。

4. 成盐与精制

将苯妥英粗品置于 100 mL 烧杯中,按粗品与水为 1∶4 的比例加入水,水浴加热至 40 ℃,加入 20%氢氧化钠溶液至全溶,加活性炭少许,在搅拌下加热 5 min,趁热抽滤,滤液加氯化钠至饱和。放冷,析出结晶,抽滤,少量冰水洗涤,干燥得苯妥英钠,称重,计算收率。通过标准品 TLC 对照法进行产品纯度和结构确证。

操作流程见图 4-1。

五、注意事项

(1)维生素 B_1 的质量对本实验影响很大,应使用新开瓶的或密封、保存良好的维生素 B_1。

(2)维生素 B_1 溶液和氢氧化钠溶液在反应前都要用冰水充分冷却,否则维生素 B_1 的噻唑环在碱性条件下易开环失效,使实验失败。

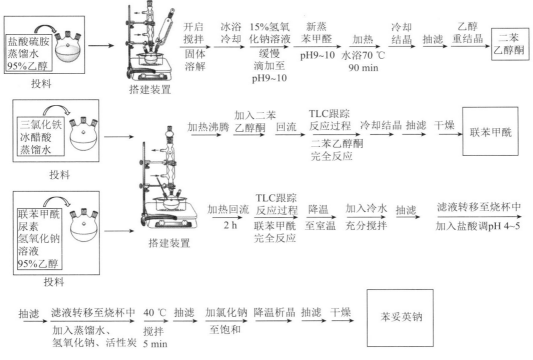

图 4-1　苯妥英钠的合成流程

（3）本实验的关键在于调 pH 值。如苯甲醛中含有较多苯甲酸，使碱性降低，这时可酌情多加些氢氧化钠溶液。最后加碱时，根据 pH 确定用碱的量，甚至根据反应液的颜色就可以判断碱的量是否合适。

（4）反应后期可将水浴温度适当升高。其间注意摇动反应瓶并保持反应液的 pH 值在 9 左右，必要时可滴加 10% 氢氧化钠溶液。

（5）若冷却太快，产物易呈油状析出，可重新加热溶解后再慢慢冷却，重新结晶。必要时可用玻璃棒摩擦瓶壁使结晶析出。

（6）制备钠盐时，水量稍多，可使收率受到明显影响，要严格按比例加水。

六、思考题

（1）试述维生素 B₁ 在安息香缩合反应中的作用（催化机理）。

（2）本品精制的原理是什么？

（3）加入活性炭的作用是什么？为什么要趁热过滤？

实验二　盐酸乙哌立松的合成

一、实验目的

(1)掌握 Friedel-Crafts 酰基化反应的原理、反应条件。
(2)学习三氯化铝的取用。
(3)掌握减压蒸馏操作。
(4)掌握曼尼希(Mannich)反应的原理和操作方法。
(5)熟悉重结晶的操作。

二、原料药介绍及合成路线

盐酸乙哌立松是一种神经系统药物,主要作用于中枢神经,缓解骨骼肌紧张状态。化学名为 4-乙基-2-甲基-3-哌啶基苯丙酮盐酸盐,白色结晶性粉末,稍有特异的气味,易溶于水、甲醇、氯仿、冰醋酸和乙醇,难溶于丙酮,几乎不溶于乙醚。

合成路线如下:

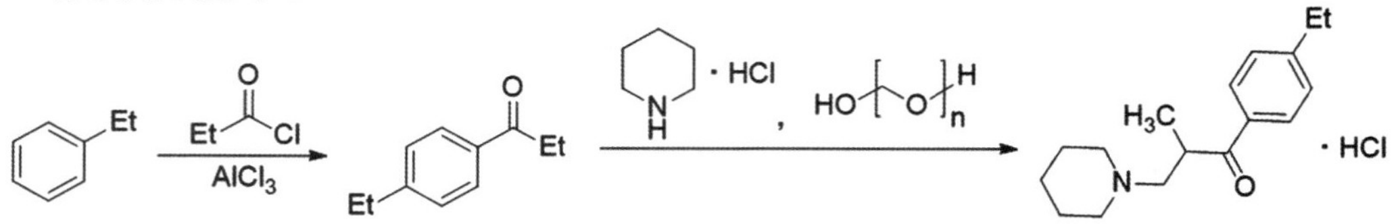

三、主要仪器及试剂

仪器:三口烧瓶、恒温加热磁力搅拌器(油浴)、搅拌子、干燥管(装入无水氯化钙)、滴液漏斗、分液漏斗、烧杯、油浴锅、变压器、减压蒸馏装置(单口烧瓶、蒸馏头、直型冷凝管、三尾承接管、温度计、温度计导管)、油泵、布氏漏斗、抽滤瓶、圆底烧瓶。

试剂:乙苯、丙酰氯、三氯化铝、碳酸钠溶液、对乙基苯丙酮、多聚甲醛、哌啶盐酸盐、异丙醇、丙酮。

四、实验内容

1. 对乙基苯丙酮的制备

在干燥 100 mL 三口烧瓶中,加入无水三氯化铝(6.9 g,51.7 mmol),乙苯(5 g,

47 mmol)，装上球形冷凝管、无水氯化钙干燥管、恒压滴液漏斗和尾气吸收装置，搭建反应装置，冰浴冷却搅拌，滴加丙酰氯(3.4 g,36.7 mmol)，滴加完毕后，于室温搅拌0.5 h，缓慢升温到45 ℃左右，在45～50 ℃搅拌2 h。反应完毕，冷却，倒入冰水(10 mL)中，静置，再倒入分液漏斗，分出油层，油层在分液漏斗中依次用水(10 mL)、碳酸钠溶液(10 mL)、饱和食盐水(10 mL)洗至 pH 为 7，得黄色油状物，收集在单口烧瓶中，换成减压蒸馏装置。减压蒸馏纯化对乙基苯丙酮。

2. 合成盐酸乙哌立松

将异丙醇 5 mL、对乙基苯丙酮(2 g,12.3mmol)、多聚甲醛(0.48 g,16 mmol)和哌啶盐酸盐(1.8 g,14.8 mmol)加入 100 mL 干燥三口圆底烧瓶中，装上球形冷凝管，搭建反应装置，加热搅拌回流 2 h，停止加热，搅拌，冷却后有固体析出，再加入丙酮 15 mL，过滤，固体用丙酮洗涤，干燥，得粗品。

3. 盐酸乙哌立松纯化

用异丙醇重结晶，得盐酸乙哌立松的针状结晶，干燥后称重，计算反应产率。

操作流程见图 4-2。

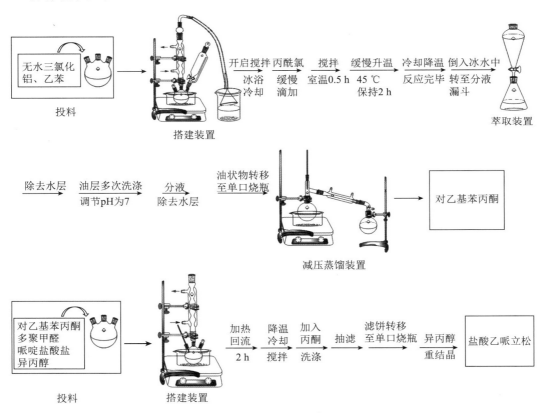

图 4-2 盐酸乙哌立松的合成流程

五、注意事项

(1)无水三氯化铝的取用应注意避免接触到水分。

(2)丙酰氯滴加过程应该控制速度,以免出现剧烈反应。

六、思考题

(1)在第一步制备对乙基苯丙酮时,三个原料的投料比是多少?为何要保持这样的比例?在计算该步产物收率时应根据哪个底物进行计算?该步当中可能的副产物是什么?

(2)根据你的实验过程,减压蒸馏有何注意点?

(3)试通过查阅文献阐述 Mannich 反应的机理,以及常见的 Mannich 反应催化剂有哪些。

实验三 奥沙普秦的合成

一、实验目的

(1)合成丁二酸酐,掌握酸酐的一般合成方法。

(2)掌握无水操作的一般技术。

(3)合成奥沙普秦,理解反应机理。

二、原料药介绍及合成路线

奥沙普秦为消炎镇痛药,可抑制环氧合酶、酯氧合酶的产生,镇痛、解热、消炎活性强,疗效优于阿司匹林、吲哚美辛等,口服具有吸收迅速完全、作用持久、消化道副作用少等特点。化学名为 4,5-二苯基噁唑-2-丙酸,该品为白色或类白色结晶性粉末,无臭或稍有特异臭味,味微苦。该品在二甲基酰胺、二氧六环中易溶,在氯仿、冰醋酸中可溶,在无水乙醇中略溶,在乙醚、苯中微溶,在水中几乎不溶。

合成路线(Ph 代表苯基,—C_6H_5;pyridine 代表吡啶):

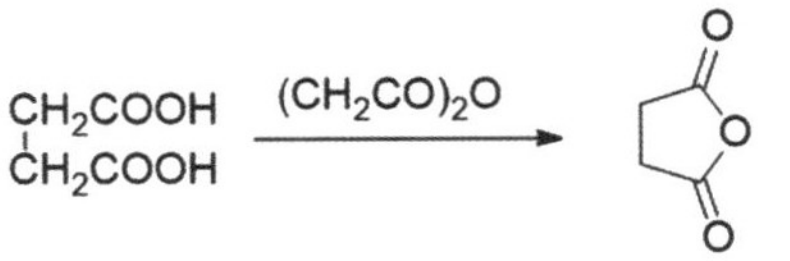

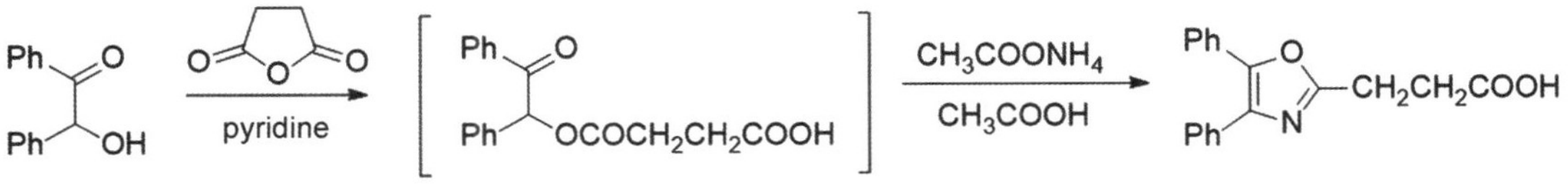

三、主要仪器及试剂

仪器:三口烧瓶、恒温加热磁力搅拌器(油浴)、搅拌子、干燥管(装入无水氯化钙)、滴液漏斗、球形冷凝管、烧杯、布氏漏斗、抽滤瓶、圆底烧瓶。

试剂:丁二酸、乙酸酐、二苯乙醇酮、吡啶、乙酸铵、冰醋酸、甲醇。

四、实验内容

1. 丁二酸酐的合成

将丁二酸(2.5 g,21.2 mmol)和乙酸酐 4.53 g(4.2 mL,44.4 mmol)加入干燥的 100 mL单口圆底烧瓶中,装上球形冷凝管和干燥管,搭建油浴反应装置,搅拌回流 1 h。反应完毕,倒入干燥烧杯中,冷却后析出结晶,过滤收集结晶,干燥,得粗品。用 2 mL 乙醚洗涤,得白色柱状结晶,干燥后称重计算产率。

2. 奥沙普秦的合成

将丁二酸酐(1.2 g,12 mmol)、二苯乙醇酮(1.8 g,8.5 mmol)、吡啶(1.0 g,1 mL,13 mmol)加入 100 mL 干燥的三口烧瓶中,装上球形冷凝管和有无水氯化钙的干燥管,温度计,搭建反应装置。加热到 90～95 ℃后继续搅拌 1 h 后,加入乙酸铵(1.2 g,15.5 mmol)、冰醋酸(4.0 g,3.8 mL,67 mmol),继续在 90～95 ℃下搅拌 1.5 h。再加水(5～10 mL),于 90～95 ℃下搅拌 0.5 h。反应完毕后,冷却至室温,反应瓶中析出结晶,过滤,收集固体后干燥,得粗品。用甲醇重结晶,得白色结晶,干燥后称重,计算产率。

操作流程见图 4-3。

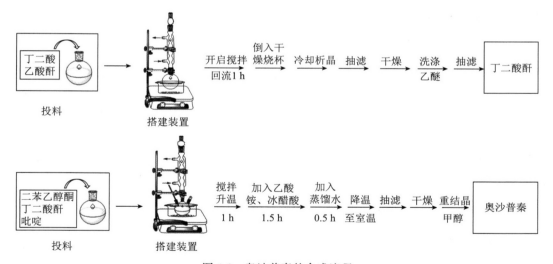

图 4-3　奥沙普秦的合成流程

五、注意事项

(1)乙酸酐长期保存时要放在干燥器中,否则吸收太多水分,会使实验失败。

（2）用乙酸酐制备酸酐时，所有仪器都要预先干燥。

六、思考题

（1）第一步中为何要干燥仪器？乙酸酐在反应中起到什么样的作用？

（2）吡啶含水过多，会有何影响？

实验四　氯苯扎利二钠的合成

一、实验目的

(1)掌握高锰酸钾作为氧化剂的氧化条件。

(2)掌握热过滤、酸碱性调节等基本操作。

(3)理解铜催化偶联反应的原理,掌握反应方法。

(4)掌握活性炭脱色纯化的操作。

(5)掌握有机羧酸成盐的方法和操作。

二、原料药介绍及合成路线

氯苯扎利二钠属于非甾体抗炎药,具有解热、镇痛、抗炎和调节免疫作用,临床上用于治疗慢性类风湿性关节炎。化学名为 N-邻羧基苯基-4-氯-2-氨基苯甲酸二钠,为白色粉末状固体。

合成路线:

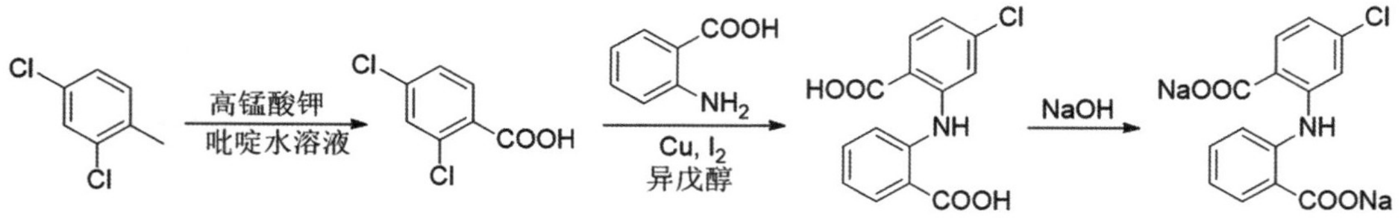

三、主要仪器及试剂

仪器:100 mL 三口烧瓶、恒温加热磁力搅拌器(油浴)、搅拌子、球形冷凝管、变压器、布氏漏斗、抽滤瓶。

试剂:2,4-二氯甲苯、55%吡啶水溶液、高锰酸钾、1 mol/L 稀盐酸、异戊醇、邻氨基苯甲酸、无水碳酸钾、铜粉、单质碘、6 mol/L 盐酸、四氢呋喃、活性炭、甲醇、氢氧化钠。

四、实验内容

1. 2,4-二氯苯甲酸的制备

将 55% 吡啶水溶液 36 mL、2,4-二氯甲苯(2.5 g,15.5 mmol)2 mL 加入 100 mL 三口烧瓶内,装上恒压滴液漏斗和球形冷凝管,搭建反应装置。开启搅拌,缓慢滴加高锰酸钾水溶液(4.9 g 溶解于 80 mL 水中),加入完毕后,升温到 70 ℃,继续搅拌 1.5 h,TLC 跟踪反应完毕后,反应液冷却待用。将反应液转入 100 mL 单口烧瓶中,常压蒸馏回收吡啶,补加水适量(～20 mL),加热搅拌,趁热过滤,滤饼用热水洗涤,合并滤液和洗液,转移至烧杯中,用稀盐酸调至 pH 2～3,析出固体,过滤,滤饼水洗,干燥,得结晶,干燥后称重计算反应产率。

2. 氯苯扎利合成

将异戊醇 30 mL、2,4-二氯苯甲酸(1.4 g,7.3 mmol)、邻氨基苯甲酸(2.0 g,14.6 mmol)、无水碳酸钾(2.0 g,14.6 mmol)、铜粉[51 mg,10%(物质的量分数),0.73 mmol]和少许碘(10 mg)加入干燥的 100 mL 单口反应瓶中,装上球形冷凝管,搭建反应装置。加热搅拌回流 2.5 h,TLC 跟踪反应过程,反应完毕,冷却至室温,加水,过滤,滤液转移至单口烧瓶,常压蒸馏回收尽异戊醇后,冷却至 0～5 ℃,用 6 mol/L 盐酸调节 pH 至 2～3,析出固体。过滤,得到氯苯扎利粗品。

3. 氯苯扎利的纯化

将氯苯扎利粗品加至干燥的 100 mL 圆底烧瓶中,加入适量四氢呋喃(～30 mL)溶解,加入活性炭适量,装上球形冷凝管,搭建装置。加热搅拌回流 0.5 h 后,降至室温,过滤,滤液通过旋转蒸发仪浓缩除去四氢呋喃。向浓缩物中加入甲醇 20 mL 左右,加热回流 1 h,冷却至室温,析出结晶,过滤,干燥,得氯苯扎利,干燥后称重计算反应产率。

4. 氯苯扎利二钠的制备

将氢氧化钠水溶液(氢氧化钠 275 mg 和水 25 mL)、氯苯扎利(1 g,3.4 mmol)加入三口烧瓶中,装上分液漏斗,搭建装置,搅拌 0.5 h 后。滴加无水乙醇,至析出固体为止。过滤,干燥,得氯苯扎利二钠,干燥后称重计算反应产率。

操作流程见图 4-4。

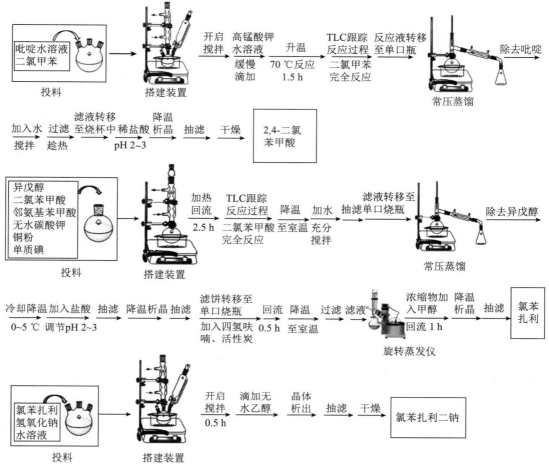

图 4-4　氯苯扎利二钠的合成流程

五、注意事项

注意滴加高锰酸钾的速度,氧化反应放热,滴加速度过快可能会引起暴沸。

六、思考题

(1)在高锰酸钾氧化反应中,吡啶水溶液起什么作用?

(2)2,4-二氯苯甲酸合成后处理步骤中,滤饼为何要用热水洗涤?用盐酸调节 pH 值时,若没有调足,会有什么影响?

(3)什么是 Ullmann 反应?

(4)纯化氯苯扎利步骤中,采用了什么溶剂重结晶?

(5)氯苯扎利二钠的制备过程中,加入乙醇的作用是什么?

实验五　盐酸普鲁卡因的合成

一、实验目的

(1)掌握盐酸普鲁卡因的合成方法。

(2)熟悉还原反应原理。

(3)掌握使用盐析法进行水溶性盐类分离和纯化的操作。

二、原料药介绍及合成路线

盐酸普鲁卡因作用于外周神经产生传导阻滞作用,依靠浓度梯度以弥散方式穿透神经细胞膜,在内侧阻断钠离子通道,使神经细胞兴奋阈值升高,丧失兴奋性和传导性,信息传递被阻断,具有良好的局部麻醉作用。化学名为对氨基苯甲酸-2-二乙胺基乙酯盐酸盐,为白色粉末状晶体,无臭,微微苦。易溶于乙醇,微溶于氯仿,几乎不溶于乙醚。

合成路线:

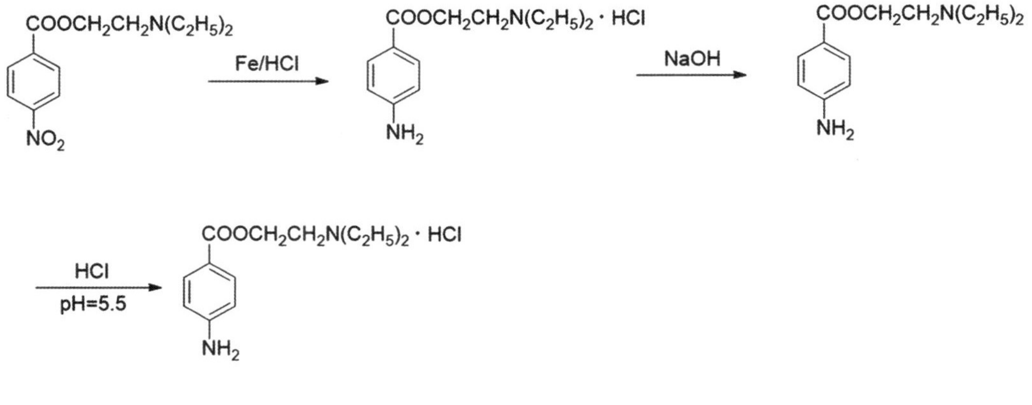

三、主要仪器及试剂

仪器:恒温加热磁力搅拌器(水浴)、三口烧瓶、减压抽滤装置、烧杯。

试剂:4-硝基苯甲酸-2-二乙基氨基-乙酯、铁粉、氢氧化钠、稀盐酸、饱和硫化钠、活性炭、保险粉、氯化钠。

四、实验内容

1.普鲁卡因的制备

将 4-硝基苯甲酸-2-二乙基氨基-乙酯(硝基卡因)3 g 加入三口烧瓶中,装上温度计和恒压滴液漏斗,搭建反应装置(水浴)。开启搅拌,滴加 20％氢氧化钠调 pH 到 4.0 左右。充分搅拌下,水浴温度 20 ℃左右,分次加入活化过的铁粉,反应温度自动上升,控制反应液温度不超过 70 ℃,可以适当水浴加冰冷却。铁粉加入完毕后,45 ℃左右继续搅拌反应 2 h,TLC 跟踪反应过程。反应结束后,降至室温,抽滤,滤渣使用少量水洗涤两次,滤液使用稀盐酸酸化至 pH 在 5 左右。滴加饱和硫化钠溶液调节 pH 为 7.8 左右,将反应液中的铁盐沉淀下来,抽滤,滤渣用少量水洗涤两次,滤液用稀盐酸酸化至 pH 在 6 左右。加入少量活性炭,在搅拌状态下,50～60 ℃保温 10 min,抽滤,滤渣用少量水洗涤两次。滤液冷却至 5 ℃左右,用 20％氢氧化钠碱化(pH 为 10 左右)至普鲁卡因全部析出,过滤,得到普鲁卡因。

2.盐酸普鲁卡因的制备

(1)将普鲁卡因加入三口烧瓶中,装上温度计和滴液漏斗,搭建反应装置,缓慢滴加浓盐酸至 pH 为 5.5 左右,再加入氯化钠至饱和,升温至 60 ℃,保持 10 min。加入适量保险粉,继续加热至 70 ℃左右,保温 10 min 左右,趁热过滤,滤液冷却结晶,待冷却到 10 ℃以下,大量晶体析出,过滤,得到盐酸普鲁卡因粗品。

(2)将盐酸普鲁卡因粗品加入三口烧瓶中,装上温度计和滴液漏斗,搭建反应装置,滴加蒸馏水至维持在 70 ℃恰好溶解,加入适量保险粉,70 ℃保温 10 min,趁热过滤,滤液自然冷却,当有晶体析出时,换冰水浴冷却,使结晶能够完全析出。过滤,滤饼用少量冷乙醇洗涤两次,干燥后得到纯品盐酸普鲁卡因。

操作流程见图 4-5。

五、注意事项

(1)铁粉还原反应是放热反应,铁粉分次、少量加入,过程中应该时刻观察反应液的温度情况,避免反应过于激烈。

(2)在使用硫化钠除去铁的过程中,因溶液中存在过量的硫化钠,加酸后可以使其形成胶体硫,应该加入活性炭,进一步除去。

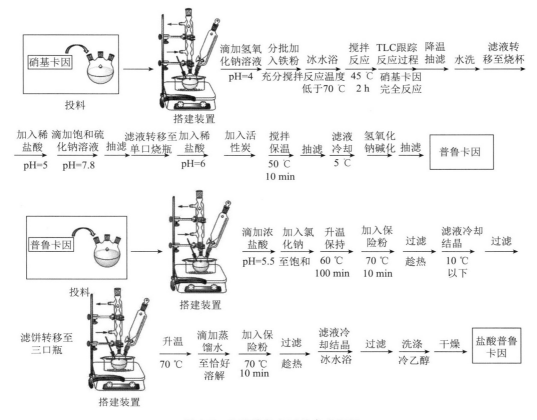

图 4-5　盐酸普鲁卡因的合成流程

（3）盐酸普鲁卡因具有很大的水溶性,注意所使用的仪器必须干燥,且用水的量需要严格控制,否则影响收率。

（4）盐酸普鲁卡因的成盐过程中,应该严格控制 pH 在 5.5,以免芳氨基成盐。

（5）保险粉是强还原剂,可以防止芳氨基氧化,同时可以有效除去有色杂质,但是应注意用量不宜过多,过多会造成产品中含硫量超标。

六、思考题

（1）铁粉活化的目的和方法是什么?

（2）铁粉还原过程中的颜色变化是怎么样? 原因是什么?

实验六　维生素 K₃的合成

一、实验目的

(1)掌握维生素 K_3合成过程及反应特点。
(2)掌握 Beckmann 氧化剂的使用。

二、原料药介绍及合成路线

维生素 K_3属于促凝血药,可以用于治疗维生素 K 缺乏所引起的出血性疾病,如新生儿出血、肠道吸收不良所致维生素 K 缺乏及低凝血酶原血症等。维生素 K_3多为白色或类白色结晶粉末,吸湿后结块。化学名为二甲基嘧啶醇亚硫酸甲萘醌,易溶于水和热乙醇,难溶于冰乙醇,不溶于苯和乙醚,水溶液 pH 为 4.7~7。常温下稳定,遇光易分解。高温分解为甲萘醌后对皮肤有强刺激,对酸性物质敏感,易吸湿。

合成路线:

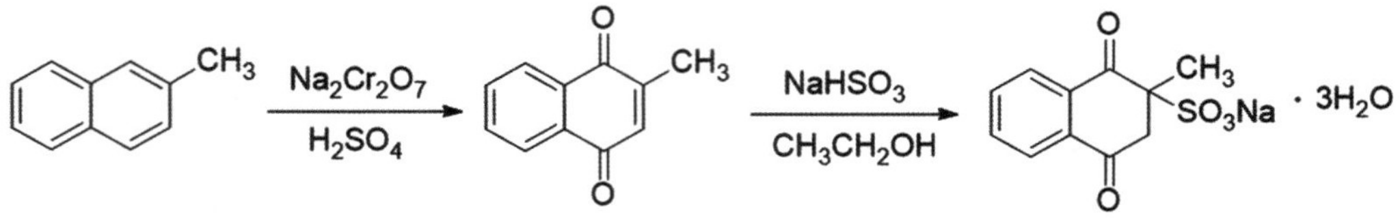

三、主要仪器及试剂

仪器:恒温加热磁力搅拌器(水浴)、三口烧瓶、球形冷凝管、恒压滴液漏斗、减压抽滤装置、烧杯。

试剂:2-甲基萘、重铬酸钾、浓硫酸、丙酮、亚硫酸氢钠、95%乙醇。

四、实验内容

1. 甲萘醌的制备

将 2-甲基萘 2.5 g、丙酮 13 mL 加入 150 mL 三口烧瓶中,装上冷凝管和恒压滴液漏斗,在恒温加热磁力搅拌器(水浴)上搭建好装置。开启搅拌,至 2-甲基萘完全溶解。将 13 g 重铬酸钾溶于 2 mL 水中后,与 15 g 浓硫酸组成混合液(Beckmann 氧化剂),通过恒压滴液漏斗,缓慢滴加到三口烧瓶中,滴加过程中,保持反应液温度在 40 ℃ 以下。滴加完毕后,在 40 ℃ 条件下继续搅拌 30 min,升高水浴温度值 60 ℃ 附近,继续反应 1 h 左右。TLC 跟踪反应过程,待反应结束后,趁热将反应物倒入装有 100 mL 冷水的大烧杯中,甲萘醌大量析出,抽滤,滤饼用冷水洗涤两次,得到湿品甲萘醌。

2. 维生素 K_3 的制备

将 3 mL 的水、1.5 g 亚硫酸氢钠和湿品甲萘醌加入 50 mL 三口烧瓶中,装上冷凝管,在恒温加热磁力搅拌器(水浴)上搭建好装置。升温至 40 ℃,均匀搅拌 30 min,加入 4 mL 95% 乙醇继续搅拌反应 45min,TLC 跟踪反应,待甲萘醌反应完全,再加入 4 mL 95% 乙醇,搅拌 30 min,冷却至 10 ℃ 以下,晶体析出,过滤,滤饼用少量的冰乙醇洗涤抽干,得到维生素 K_3 的粗品。

3. 维生素 K_3 的精制

将维生素 K_3 粗品、4 倍量的 95% 乙醇和 0.1 g 亚硫酸氢钠加入单口烧瓶中,装上冷凝管,搭建装置。加热,水浴温度不超过 70 ℃,搅拌溶解,加入粗品质量 1.5% 的活性炭。在水浴温度 70 ℃ 左右下保温脱色 15 min,停止搅拌。趁热过滤,滤液冷却至 10 ℃ 以下,析出结晶,过滤,滤饼用少量冷乙醇洗涤两次,抽干,70 ℃ 以下干燥,得到纯品维生素 K_3。

操作流程见图 4-6。

五、注意事项

(1)在使用重铬酸钠-浓硫酸-水的氧化体系进行氧化的过程中,必须注意控制好温度,温度过高,氧化剂局部浓度过大,会导致过度氧化,侧链甲基也可能被氧化,甚至开环,使产量降低。

(2)在维生素 K_3 的制备过程中,反应温度应控制在不超过 40 ℃。因为维生素 K_3 在光和热的作用下,会发生降解转化。

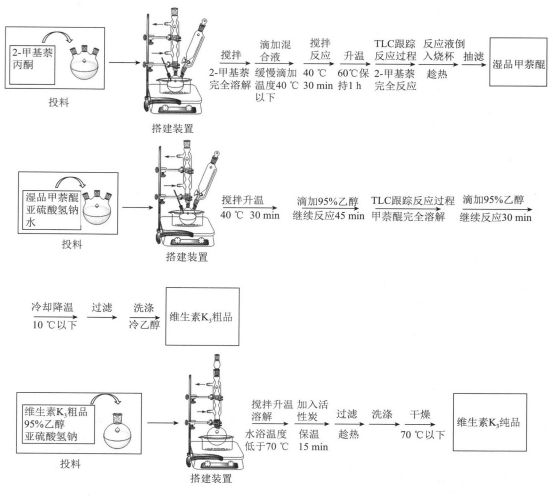

图 4-6　维生素 K_3 的合成流程

六、思考题

（1）维生素 K_3 的精制过程中，为什么要加入少量亚硫酸氢钠？

（2）本实验使用的 Beckmann 氧化剂经常用于哪些化合物的氧化？有什么特点？

实验七 桂皮酰哌啶的合成

一、实验目的

(1)掌握氯化和酰基化的基本原理。

(2)熟悉无水操作和桂皮酰哌啶的合成方法。

二、原料药介绍及合成路线

桂皮酰哌啶是抗癫灵(丙戊酸钠)的结构简化物,为抗癫痫病药物,其作用机理和抗癫灵类似,具有广谱的抗惊厥作用。为白色或者类白色晶体,无臭,无味,可溶于乙醇,几乎不溶于水。

合成路线如下:

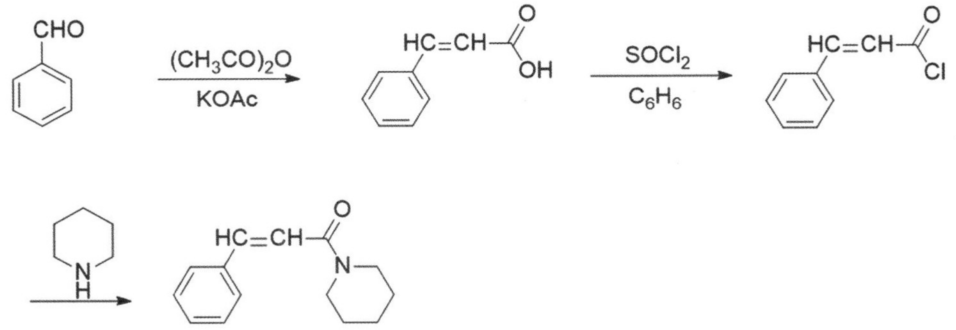

三、主要仪器及试剂

仪器:单口烧瓶、恒温加热磁力搅拌器(油浴)、球形冷凝管、干燥管、气体吸收装置、水蒸气蒸馏装置、减压抽滤装置、烧杯。

试剂:苯甲醛、醋酸酐、醋酸钾、碳酸钠、活性炭、浓盐酸、乙醇、苯、氯化亚砜、哌啶、无水硫酸钠。

四、实验内容

1.桂皮酸的制备

将 5 g 苯甲醛、20 mL 醋酸酐和新烘焙过的 3 g 醋酸钾加入单口烧瓶中,安装球形冷凝管和干燥管,搭建反应装置。开启搅拌,加热回流,维持油浴温度在 160 ℃(内温约 150 ℃)1.5 h,升温到 170 ℃,继续加热 2.5 h(内温约 165 ℃)。反应完毕后,降温,将反应液倒入 30 mL 热水中,反应瓶使用少量水进行冲洗,反应液中加入适量碳酸钠,调节 pH 值为 8 左右。转移至 150 mL 圆底烧瓶中进行水蒸气蒸馏,除去未反应的苯甲醛,加入少量活性炭,煮沸 15 min,趁热过滤,滤液冷却后,慢慢加入浓盐酸酸化,边加边搅拌,待桂皮酸完全析出,抽滤,水洗,干燥得到粗品。使用乙醇:水＝1:3(体积比)的溶剂进行重结晶。

2.桂皮酰哌啶的制备

将干燥的桂皮酸 1.8 g、15 mL 苯、1 mL 氯化亚砜加入 150 mL 单口烧瓶中,装上冷凝管、干燥管和气体吸收装置,搭建反应装置。开启搅拌,加热回流至无盐酸产生,约 2.5~3 h。TLC 跟踪反应过程,反应完毕后,改换成减压蒸馏装置,减压除去苯,得到桂皮酰氯结晶。反应瓶中加入 25 mL 无水苯温热溶解,在搅拌的状态下,分批次加入哌啶 3 mL,室温密闭,放置 2 h,完成胺解反应。

将沉淀的哌啶盐酸盐抽滤除去,苯溶液用水洗涤两次(每次 25 mL),分出水层,苯层再用 10% 盐酸洗至中性,分离除去酸水,苯层用饱和碳酸钠洗至微碱性,再用水洗至中性,分出苯层,加入无水硫酸钠干燥,减压蒸馏除去苯,析出桂皮酰哌啶。

操作流程见图 4-7。

五、注意事项

(1)醋酸钾应该使用新烘焙过的。

(2)苯甲醛使用前应该进行重蒸。

(3)醋酸酐中如果含有水则分解成醋酸,影响反应,所以醋酸含量较高时应该重蒸。

(4)氯化亚砜易吸水分解,应该在通风橱中量取,且用完应立即盖紧瓶塞。

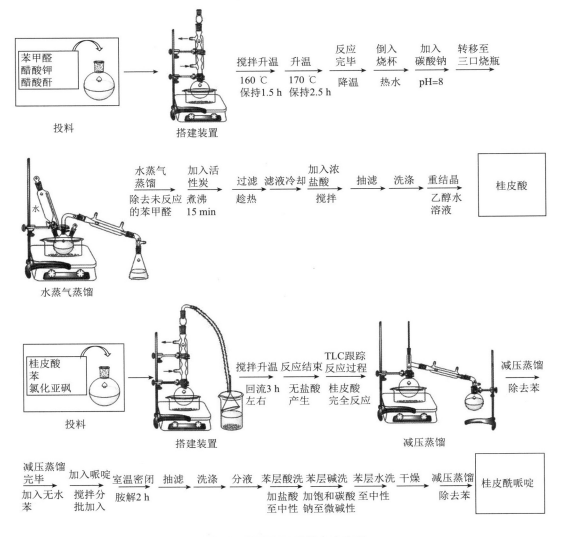

图 4-7　桂皮酰哌啶的合成流程

六、思考题

(1)无水醋酸钾烘焙操作是怎么样的?

(2)从羧酸制备酰氯有哪些方法?

实验八　香豆素-3-羧酸的合成

一、实验目的

掌握 Knovengel 反应的基本原理和操作方法,了解珀金反应。

二、原料药介绍及合成路线

香豆素衍生物是重要的香料,同时还可以用作农药、杀鼠剂和药物等。香豆素-3-羧酸的合成路线如下:

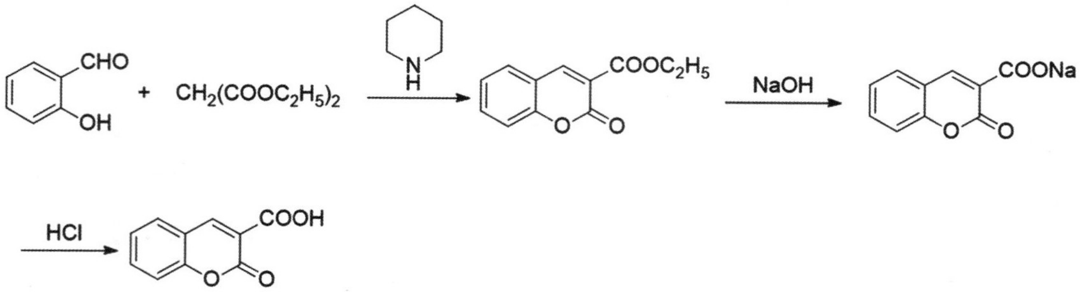

三、主要仪器及试剂

仪器:单口烧瓶、恒温加热磁力搅拌器(油浴)、球形冷凝管、干燥管、气体吸收装置、减压抽滤装置、烧杯。

试剂:水杨醛、丙二酸二乙酯、六氢吡啶、乙醇、氢氧化钠、浓盐酸、冰醋酸。

四、实验内容

1. 香豆素-3-甲酸乙酯的合成

将 2.1 mL 水杨醛、3.4 mL 丙二酸二乙酯、13 mL 无水乙醇、0.25 mL 六氢吡啶和 1 滴冰醋酸加入干燥的 50 mL 单口圆底烧瓶中,装上球形冷凝管和干燥管,搭建反应装置。开启搅拌,加热回流 2 h,TLC 跟踪反应,待原料水杨醛反应完全后,停止加热。将反应液转移至烧杯中,加入 15 mL 水,冰浴降温冷却。待结晶完全后,抽滤,用 50%的冷乙醇洗涤2~3次,得到白色晶体香豆素-3-甲酸乙酯,使用25％的乙醇水溶液重结晶,得到纯品香豆素-3-甲酸乙酯。

2.香豆素-3-羧酸的合成

将1 g香豆素-3-甲酸乙酯、0.75 g氢氧化钠、5 mL 95％乙醇和2.5 mL水加入50 mL单口烧瓶中,装上球形冷凝管,搭建反应装置。开启搅拌,加热回流,至香豆素-3-甲酸乙酯完全溶解后,继续回流15 min,TLC跟踪反应过程,反应完全后,停止加热,稍微降温。向烧杯中加入2.5 mL浓盐酸和13 mL水,将反应液倒入烧杯中,有大量白色晶体析出,冰浴降温冷却至结晶完全析出。抽滤,用少量冰水洗涤。滤饼用水重结晶,得到纯品香豆素-3-羧酸。

操作流程见图4-8。

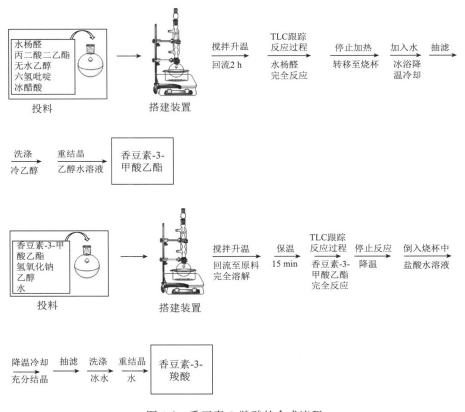

图 4-8　香豆素-3-羧酸的合成流程

五、注意事项

(1)洗涤和重结晶使用的乙醇水溶液需预先降温。

（2）TLC 跟踪反应,应尽量确定原料水杨醛完全反应,这有助于提高产品纯度和收率。

六、思考题

（1）Knovengel 反应的机理是什么?

（2）在第一步反应中,加入少量冰醋酸的作用是什么?

第五章 药物合成实验设计性实验

实验一 贝诺酯的合成工艺优化设计

一、实验目的

了解药物合成实验中工艺优化的流程和方法,从反应物配比、反应试剂、反应时间、反应温度等方面完成贝诺酯的合成及工艺优化设计。

二、原料药介绍及合成路线

贝诺酯是一种抗炎、解热、镇痛药,主要用于类风湿性关节炎、急慢性风湿性关节炎、风湿痛、感冒发热、头痛、神经痛及术后疼痛等。化学名为 2-(乙酰氧基)苯甲酸 4-(乙酰胺基)苯酯,白色结晶性粉末,不溶于水,易溶于热醇中。

目前文献报道的合成路线有以下三条:

路线 1:

路线 2(DMF 为 *N*,*N*-二甲基甲酰胺)：

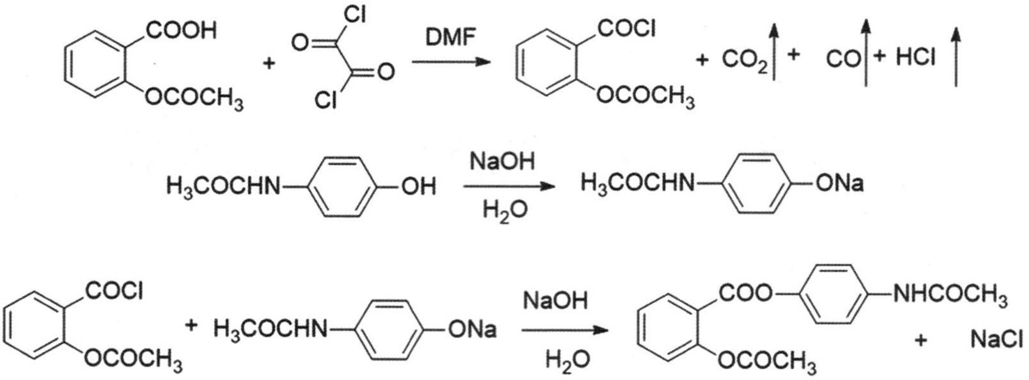

路线 3(PEG 为聚乙二醇)：

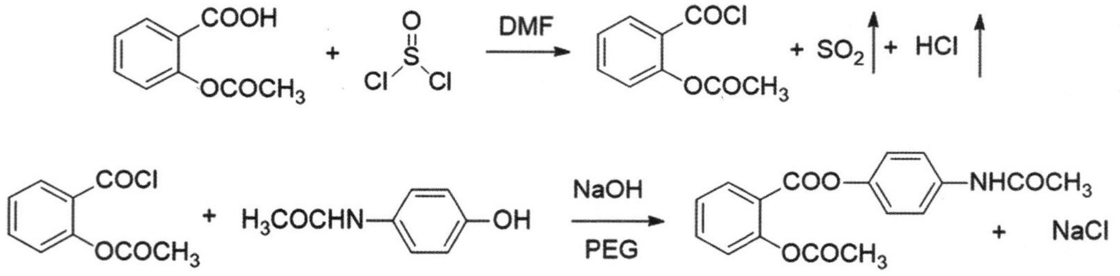

三、主要仪器及试剂

仪器:恒温加热磁力搅拌器(水浴)、球形冷凝管、烧杯、漏斗、真空接受管、直形冷凝管、滴液漏斗、三口烧瓶、减压抽滤装置。

试剂:阿司匹林、氯化亚砜、草酰氯、对乙酰氨基酚、氢氧化钠、吡啶、丙酮、DMF、PEG。

四、实验内容

1. 实验设计

(1)查阅文献,评估和选择实验路线。

学生查阅文献,进行分析,从以上三条贝诺酯的合成路线中选择一条路线进行实验,并上交给指导老师,指导老师与学生一起讨论并确定方案的可行性。

(2)根据确定的实验方案,设计实验过程。

学生进行预实验,从反应物配比、反应试剂、反应时间、反应温度和反应跟踪等方面开展工艺的优化,获得最终产物,并通过标准品的数据进行对比,确定实验结果。

2. 实验操作

实验操作实例：

（1）乙酰水杨酰氯的制备。

在干燥的 100 mL 烧瓶中加入一定质量的阿司匹林、氯化亚砜、无水吡啶，装上温度计、球形冷凝管和盐酸气体吸收装置（冷凝管通过橡皮管与三角漏斗相连，漏斗一半浸入水中，一半通大气），打开恒温加热磁力搅拌器（水浴），升温到一定温度，反应回流，保温一段时间，至无尾气放出后，改成蒸馏装置（拆除回流装置，烧瓶上安装一蒸馏头，蒸馏头上端装毛细管控制进气量，中间安装冷凝管，冷凝管下接真空接受管，再接上烧瓶），减压蒸去多余氯化亚砜（沸点 76 ℃），稍冷至 40 ℃ 以下，加入 3 mL 无水丙酮于残留物中，加盖防潮备用（氯化亚砜若未除净，在下一步中遇水生成盐酸，会使酯水解）。

（2）贝诺酯的制备。

另取一个三口烧瓶，安装温度计、滴液漏斗，反应瓶中加入一定质量的对乙酰氨基酚、水，均匀搅拌。使用冰浴将反应温度降至 10 ℃ 以下，慢慢滴加 20% 氢氧化钠溶液（约 10 mL）至反应液 pH 为 10~11，再缓慢滴加前步所得乙酰水杨酰氯（约 20 min 滴完），始终维持一定温度，调节 pH 至 10~11，滴完后复测 pH 应为 10，若 pH 低于 10，可再滴加氢氧化钠调节。在 20~25 ℃ 继续搅拌反应 1.5~2 h，过滤，抽干母液，然后停止抽气减压。用刮刀轻轻松动布氏漏斗中粗品，以水 10 mL 浸湿粗品，减压抽干，重复 3 次，水洗至中性，得到粗品。

（3）贝诺酯的精制。

将粗品转移到 100 mL 烧瓶中，加入粗品重 6 倍量的 95% 乙醇，加入一粒沸石，装上球形冷凝管，水浴加热回流使全部溶解，稍冷 3 min，加入粗品量 1/20 的活性炭，继续回流 15 min，趁热过滤，滤液放置，冷到 10 ℃ 以下，析出结晶，过滤，产品以 2~3 mL 95% 乙醇洗涤，抽干，得白色结晶。

五、撰写实验报告

（1）根据实验情况，如实撰写实验报告。

（2）对三条路线在产品收率、纯度和操作复杂程度等方面进行比较分析，总结原料药工艺优化的经验。

六、注意事项

（1）酰氯化反应所用仪器必须干燥，否则氯化亚砜和乙酰水杨酰氯均易水解。

（2）酰氯化时催化剂不可过多，否则产品颜色变深。

(3)酰氯化反应时温度不可超过 80 ℃。

(4)缩合酯化时,温度控制在 10 ℃为宜。

(5)反应会生成二氧化硫、氯化氢,注意通风。

七、思考题

(1)酰氯化反应与酯化反应在操作上应注意哪些问题?

(2)本实验酯化为何控制 pH 在 10 以上? 估计氢氧化钠用量。

(3)酯化进行结构修饰的意义。

实验二　对乙酰氨基酚制备及杂质分离

一、实验目的

(1)掌握 TLC 跟踪和分析反应过程,掌握药物工艺优化和杂质控制的方法。
(2)掌握少量产物纯化方法。
(3)掌握杂质结构鉴定方法。

二、实验原理

三、主要仪器及试剂

仪器:恒温加热磁力搅拌器(水浴)、球形冷凝管、温度计、滴液漏斗、减压抽滤装置、烧杯、液相色谱仪、质谱仪、核磁共振波谱仪。

试剂:对氨基苯酚、醋酸酐、薄层色谱用试剂、柱层析用硅胶粉、硅胶板、活性炭、蒸馏水。

四、实验内容

1. 实验路线要求
(1)原料完全转化。
(2)尽量提高目标产物对乙酰氨基酚的收率。
(3)尽量提高 TLC 上产物与杂质的差距。
(4)尽量提高杂质的纯度。
2. 实验步骤
(1)常规搭建装置。

（2）投料及反应：确定反应物配比（摩尔比）、反应温度、反应时间、加量方式（一次性加入、分批次加入、缓慢滴加）。

（3）反应跟踪的展开剂选择：乙酸乙酯、石油醚、丙酮等。

（4）纯化方案：可以选择过层析柱或 TLC 或重结晶。

（5）纯度和结构鉴定方案：利用液相检查看纯度，核磁、质谱鉴定结构。

3. 实验操作实例

（1）对乙酰氨基酚的制备：将对氨基苯酚 10.6 g、乙酸酐 12 mL 和蒸馏水 30 mL 加入 100 mL 圆底烧瓶中，装上温度计、球形冷凝管，搭建反应装置。开启搅拌，水浴升温至 80 ℃，反应 30 min，TLC 跟踪反应情况，反应结束后，降温冷却，有大量晶体析出，过滤，滤饼使用 10 mL 冷水洗涤 2 次，干燥，得到对乙酰氨基酚粗品。

（2）对乙酰氨基酚的纯化：将对乙酰氨基酚粗品、蒸馏水加入圆底烧瓶中，装上冷凝管，搭建装置。加热使其溶解，加入活性炭，升温回流 5 min。趁热过滤，滤液中加入少量亚硫酸氢钠，滤液降温结晶，过滤，滤饼使用 0.5% 的亚硫酸氢钠洗涤 2 次，抽滤，干燥，得到对乙酰氨基酚。

（3）对乙酰氨基酚的纯度检查和结构鉴定：可以利用液相，比对标准品，得到样品的纯度；通过红外、质谱和核磁确定样品的结构。

五、撰写实验报告

（1）根据反应情况，如实撰写实验报告。

（2）对该反应主产物收率及纯度的条件因素进行分析，确定反应物配比（摩尔比）、反应温度、反应时间、加量方式等对反应结果的影响。

六、注意事项

（1）在探究反应物配比（摩尔比）、反应温度、反应时间、加量方式等对反应结果的影响时，可以采用控制变量法。

（2）本实验的目标是提高原料转化率和降低杂质的产生率，这中间存在最优的反应条件。

附　录

附录 1　书中涉及的反应及机理

1. Williamson 醚化反应（第三章苯氧乙酸的制备）

反应机理（X 代表卤素）：

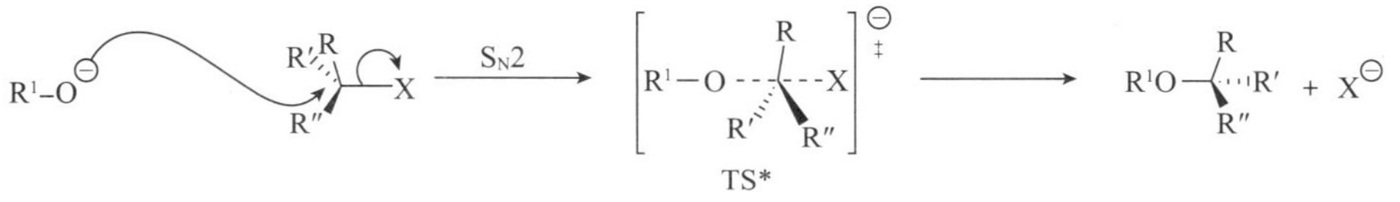

Williamson 通过乙醇钠和氯乙烷反应制备了乙醚。此类有脂肪烷氧盐/芳香酚盐和烷基/烯丙基/苄基卤代烃反应生成相应的醚的反应称为 Williamson 醚化反应。

此反应是 S_N2 形的亲核取代合成不对称的醚的反应。当取代基 R 与 X 相连的碳是一级碳的时候，反应效果最佳。在有三苯甲基等保护基的特殊情况下，该反应也会以 S_N1 形式进行反应。

2. 羟醛缩合反应（第三章查尔酮的制备）

反应机理（base 代表碱）：

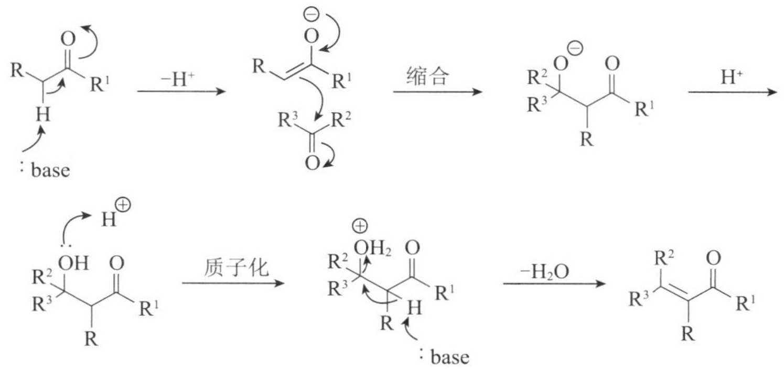

羟醛缩合反应是指含有活性 α 氢原子的化合物如醛、酮、羧酸和酯等，在催化剂的作用下与羰基化合物发生亲核加成，得到 α 羟基醛或酸。有 α 氢原子的化合物如醛、

酮、羧酸和酯分子中,由于羰基的吸电子诱导作用以及碳氧双键和 α 碳上碳氢 σ 键之间的 σ-π 超共轭效应,使得 α 碳上氢上的电子云密度较低,具有较强的酸性和活性。羟醛缩合反应既可以在酸催化下反应,也可以在碱催化下反应。

3. 酚的 O-酰化反应(第三章乙酰水杨酸的制备及提纯)

由于酚羟基的 O 原子与苯环间存在着 p-π 的共轭效应,使得酚羟基的 O 原子电子云密度降低,所以其活性较醇羟基弱,因此,酚的 O-酰化一般采用酰氯、酸酐等较强的酰化剂。

反应机理:

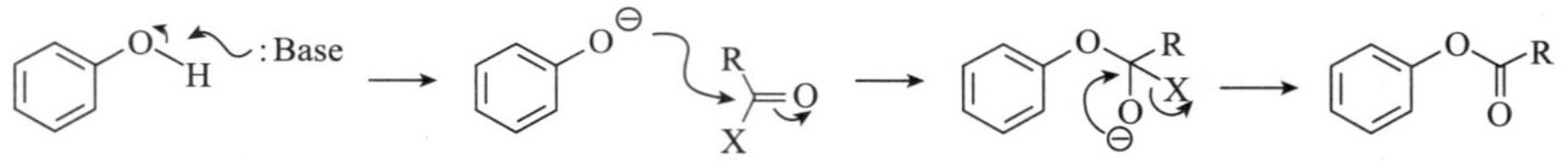

4. 高锰酸钾氧化反应(第三章对氯苯甲酸的制备)

氧化反应是制备羧酸的常用方法,芳香族羧酸通常用氧化含有苄位氢的芳香烃来制备。芳香烃的苯环比较稳定,难于氧化,而环上的支链,不论长短,在强氧化剂条件下,最终都氧化成羧酸。

反应机理:

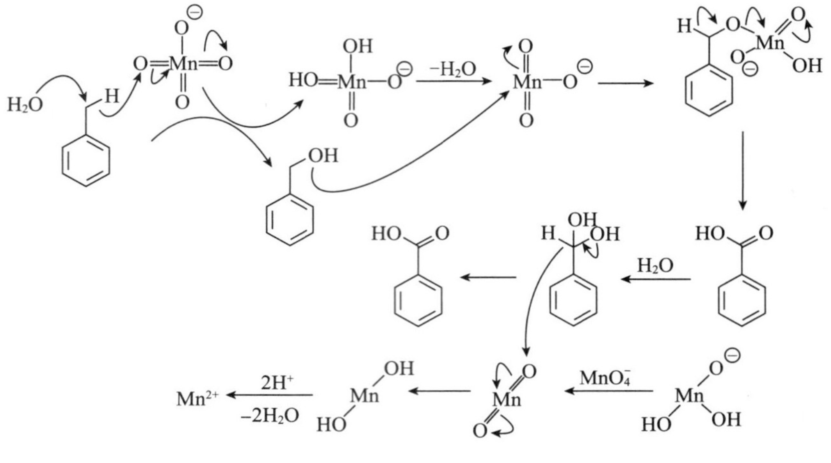

5. 珀金反应(第三章肉桂酸的制备)

在弱碱(羧酸盐、叔胺、吡啶、哌啶、碳酸钾等)存在下,不含有 α-H 的芳香醛与含有 α-H 的脂肪族羧酸的酸酐发生反应,得到 β 醇盐中间体,最后生成 β 芳基-α,β 不饱和酸(α,β-不饱和芳香酸)。

反应机理(Ac 代表乙酰基,CH₃—CO—):

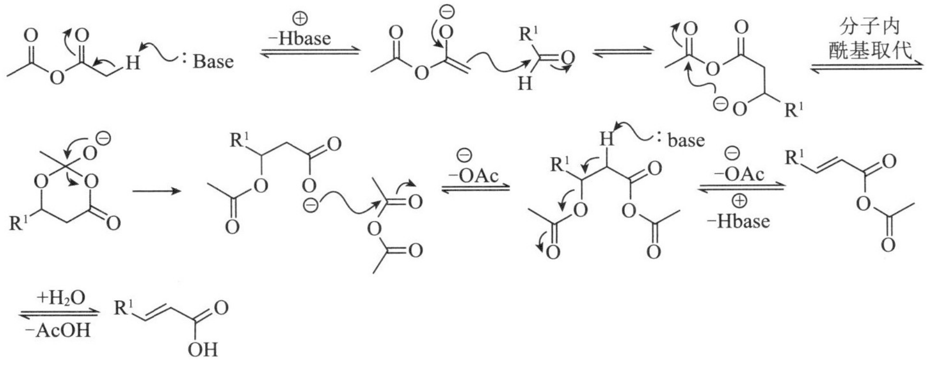

6. Bechamp 还原反应(第三章美沙拉秦的合成)

1854 年,Bechamp 首先报道了利用铁粉还原芳香硝基化合物合成芳香伯胺的反应,此反应被称为 Bechamp 还原反应。铁粉还原一般在盐类电解质(如氯化铵)或烯酸条件下进行,此条件可以将芳香硝基、脂肪硝基、亚硝基和羟胺等基团还原为氨基。铁粉还原芳香硝基化合物时,芳基上有吸电子基团时,有利于硝基获得电子,反应容易进行。铁粉还原为单电子转移机理,反应中需要转移 6 个电子,理论上还原硝基至少需要 3 倍当量铁粉,实际反应操作中一般加入 4 倍当量以上铁粉。

反应机理:

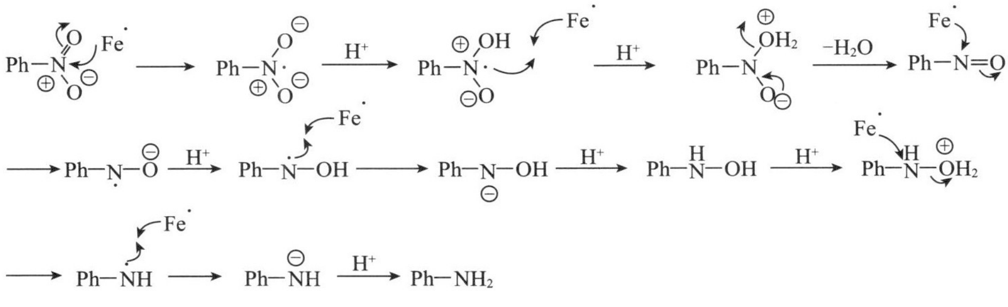

7. Hantzsch 二氢吡啶合成反应(第三章二氢吡啶钙通道阻滞剂的合成)

Hantzsch 二氢吡啶合成指两分子 β-羰基酸酯和一分子醛及一分子氨发生缩合反应,得到二氢吡啶衍生物,再用氧化剂氧化得到吡啶衍生物。这是一个很普遍的反应,用于合成吡啶同系物。反应过程可能是一分子 β-羰基酸酯和醛反应,另一分子 β-羰基酸酯和氨反应生成 β-氨基烯酸酯,所生成的这两个化合物再发生 Michael 加成反应,然后失水关环生成二氢吡啶衍生物,它很容易脱氢而芳构化,例如用亚硝酸或铁氰化钾氧化得到吡啶衍生物。

反应机理：

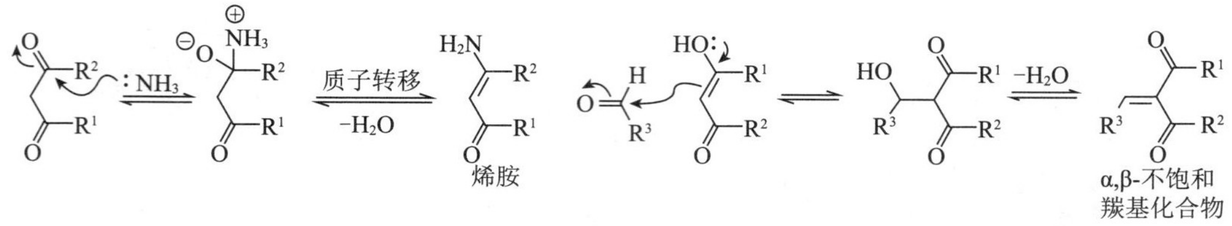

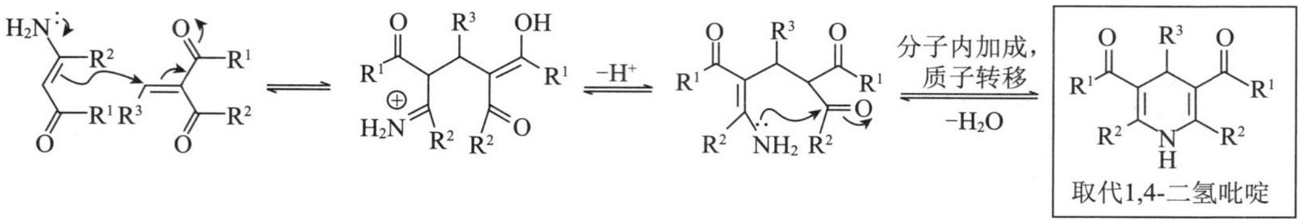

8. 贝克曼重排反应（第三章苯甲酰基苯胺的制备）

贝克曼重排反应是典型的亲核重排，在酸作用下，肟首先发生质子化，脱去一分子水，同时与羟基处于反位的基团迁移到缺电子的氮原子上，烷基迁移并推走羟基形成氰基，然后该中间体被水解得到酰胺。在酮肟分子中发生迁移的烃基与离去基团（羟基）互为反位。在迁移过程中迁移碳原子的构型保持不变。

反应机理：

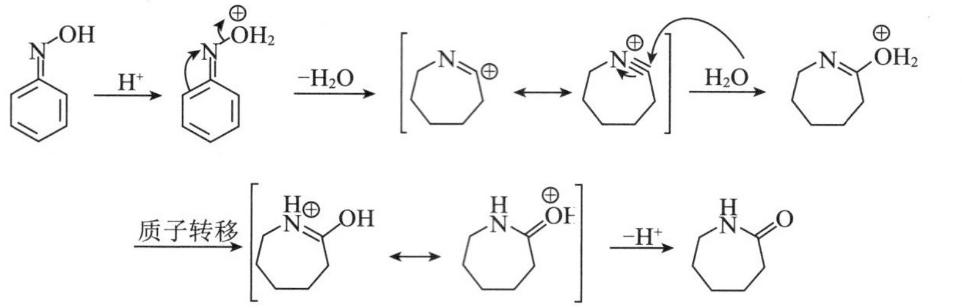

9. Skraup 反应（第三章 8-羟基喹啉的制备）

甘油在酸性条件下生成丙烯醛，苯胺对其进行共轭加成得到 β-苯胺基丙醛，关环脱水得到二氢喹啉，氧化得到产物。

反应机理：

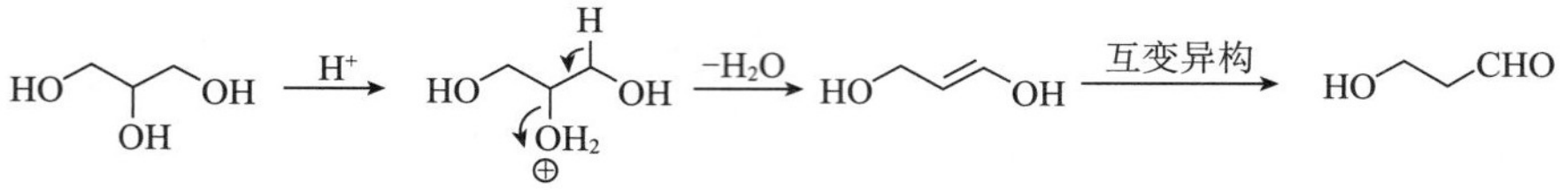

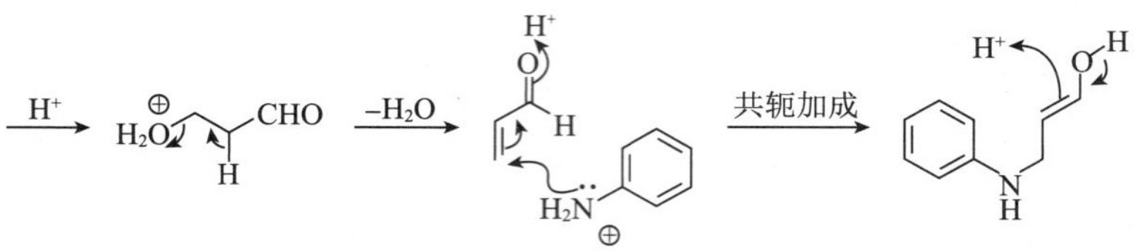

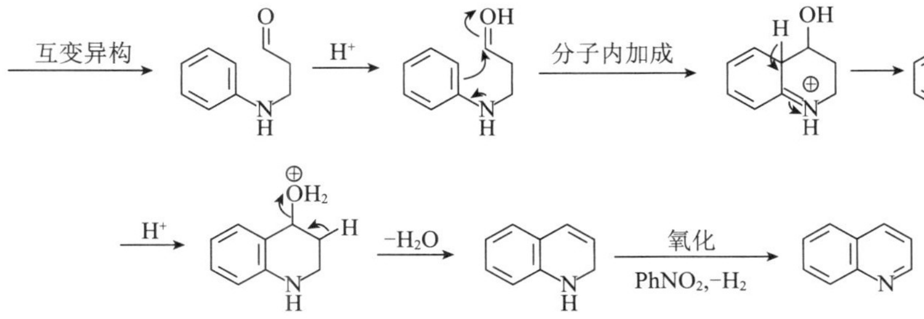

10. Friedel-Crafts 烷基化反应（第三章对叔丁基苯酚的制备）

Friedel-Crafts 烷基化反应是指在无水三氯化铝等路易斯酸存在下,芳烃与卤烷作用,在芳环上发生亲电取代反应,其氢原子被烷基取代,生成烷基芳烃的反应。由于亲电试剂通常为碳正离子,因此此反应会发生碳正离子重排,生成不同烷基取代的芳香混合物,另外还可能存在芳环多烷基取代的副反应。

反应机理:

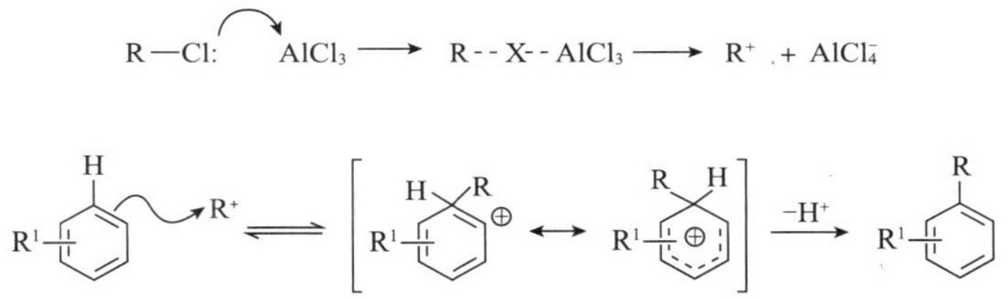

11. 安息香缩合反应（第四章苯妥英钠的合成）

安息香缩合指芳醛(不含 α 活泼氢)在含水乙醇中以氰化钠或氰化钾为催化剂,加热后可以发生自身缩合,生成 α-羟基酮。早期的催化剂是剧毒氰化物,近来改用维生素 B_1,价格便宜,操作安全,效果良好。维生素 B_1 又叫硫胺素,是一种生物辅酶,生化过程是对 α 酮酸的脱羧和生成偶姻(α-羟基酮)等酶促反应发挥辅酶的作用。

噻唑盐催化的安息香缩合机理:

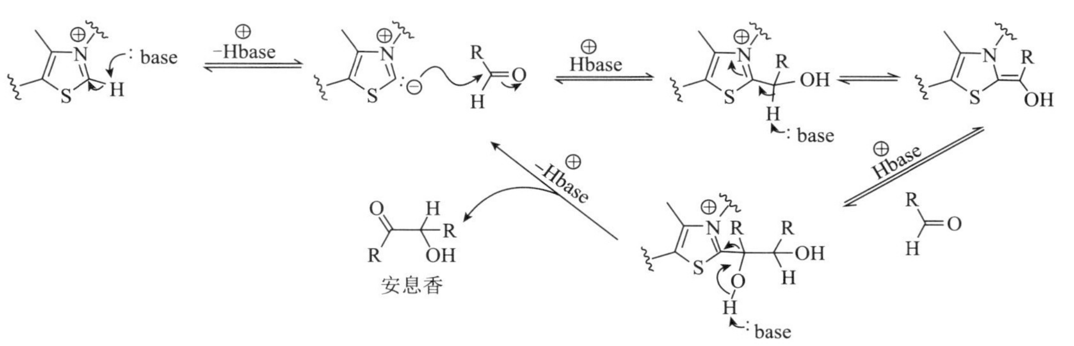

12. Friedel-Crafts 酰基化反应（第四章盐酸乙哌立松的合成）

在路易斯酸催化下利用酰卤或酸酐在芳基或脂肪基底物上引入酮基的反应为 Friedel-Crafts 酰基化反应。第一步是一当量的路易斯酸和酰化试剂络合，然后另一分子的路易斯酸继续络合形成一个正负电子分离的中间体，其可以在离子化试剂中分解为酰基正离子。通过典型的芳香亲电取代机理形成芳基酮-路易斯酸络合物，其脱掉卤化氢生成芳基酮产物。

反应机理：

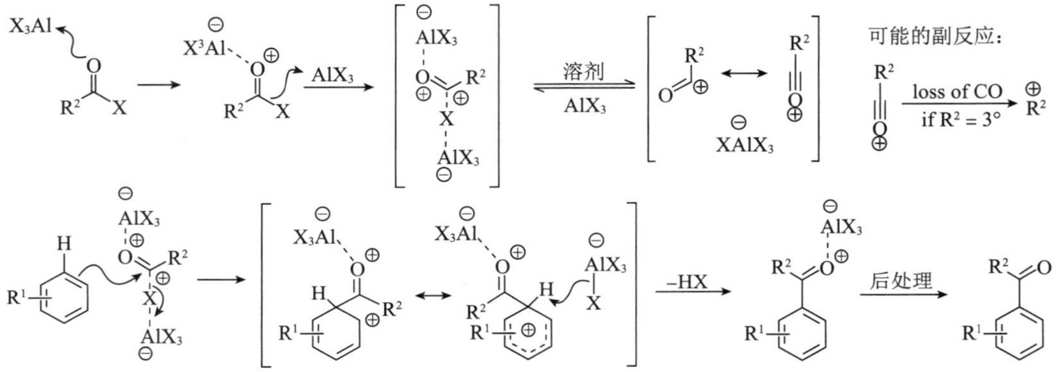

13. 曼尼希反应（第四章盐酸乙哌立松的合成）

曼尼希反应也称作胺甲基化反应，是含有活泼氢的化合物（通常为羰基化合物）与甲醛和二级胺或氨缩合，生成 β-氨基（羰基）化合物的有机化学反应。一般醛亚胺与 α-亚甲基羰基化合物的反应也被看作曼尼希反应。反应的产物 β-氨基（羰基）化合物称为曼尼希碱（Mannich base），简称曼氏碱。

反应机理：

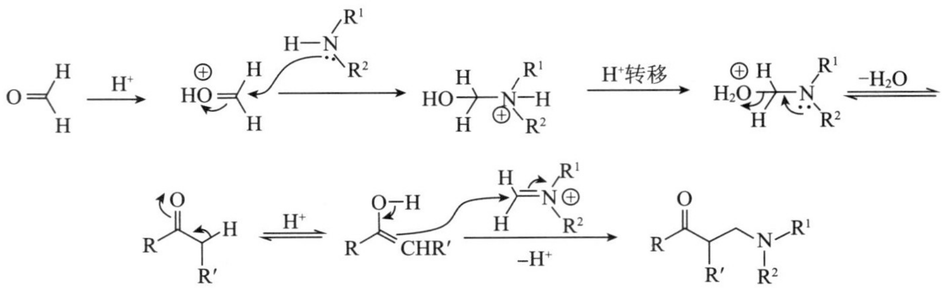

14. 乌尔曼（Ullmann）反应（第四章氯苯扎利二钠的合成）

乌尔曼反应是指卤代芳香族化合物与铜（Cu）共热生成联芳类化合物的反应。这个反应是德国化学家 Fritz Ullmann 在 1901 年发现的，是形成芳-芳键的最重要的方法之一。如果不同的卤代芳烃之间发生这个反应则理论上有 3 种新的联芳类产物,所以在合成上一般都只采用相同的卤代芳烃来实现这个反应。反应机理如下(Nu 代表亲核试剂,Ar 代表芳香化合物):

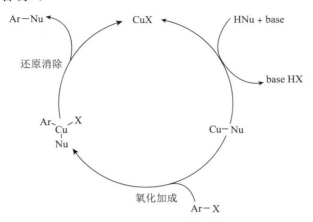

附录2 药物合成常见药品、试剂毒性分类

1.易制毒化学品

易制毒化学品是国家规定管制的可用于制造毒品的前体、原料和化学助剂等物质。2005年,国务院总理温家宝签署第445号国务院令,公布《易制毒化学品管理条例》(2005-11-01施行),列管了3类24个品种,2012年9月15日起,邻氯苯基环戊酮也被列入第一类易制毒化学品加以管制,随后国家于2017年又进行了增补,共列管了3类,32种物料;2021年5月,国务院同意将α-苯乙酰乙酸甲酯等6种物质列入易制毒化学品品种目录。

(1)第一类易制毒化学品。

1-苯基-2-丙酮、3,4-亚甲基二氧苯基-2-丙酮、胡椒醛、黄樟素、黄樟油、异黄樟素、N-乙酰邻氨基苯酸、邻氨基苯甲酸、麦角酸、麦角胺、麦角新碱、N-苯乙基-4-哌啶酮、4-苯胺基-N-苯乙基哌啶、N-甲基-1-苯基-1-氯-2-丙胺、羟亚胺、1-苯基-2-溴-1-丙酮、3-氧-2-苯基丁腈、邻氯苯基环戊酮、麻黄素类物质。

(2)第二类易制毒化学品。

苯乙酸、醋酸酐、三氯甲烷、乙醚、哌啶、1-苯基-1-丙酮(苯丙酮)、溴素(液溴)、α-苯乙酰乙酸甲酯、α-乙酰乙酰苯胺、3,4-亚甲基二氧苯基-2-丙酮缩水甘油酸、3,4-亚甲基二氧苯基-2-丙酮缩水甘油酯。

(3)第三类易制毒化学品。

甲苯、丙酮、甲基乙基酮、高锰酸钾、硫酸、盐酸、苯乙腈、γ-丁内酯。

2.易制爆化学品

(1)酸类。

硝酸、发烟硝酸、高氯酸。

(2)盐类。

硝酸钠、硝酸钾、硝酸铯、硝酸镁、硝酸钙、硝酸锶、硝酸钡、硝酸镍、硝酸银、硝酸锌、硝酸铅、氯酸钠、氯酸钾、氯酸铵、高氯酸锂、高氯酸钠、高氯酸钾、高氯酸铵、重铬酸锂、重铬酸钠、重铬酸钾、重铬酸铵。

(3)过氧化物和超氧化物类。

过氧化氢、过氧化锂、过氧化钠、过氧化钾、过氧化镁、过氧化钙、过氧化锶、过氧化钡、过氧化锌、过氧化脲、过乙酸、过氧化二异丙苯、过氧化氢苯甲酰、超氧化钠、超氧化钾。

(4)易燃物类。

锂、钠、钾、镁、镁铝粉、铝粉、硅铝粉、硫磺、锌、金属锆、六亚甲基四胺、1,2-乙二胺、一甲胺、硼氢化锂、硼氢化钠、硼氢化钾。

(5)硝基化合物类。

硝基甲烷、硝基乙烷、2,4-二硝基甲苯、2,6-二硝基甲苯、1,5-二硝基萘、1,8-二硝基萘、二硝基苯酚、2,4-二硝基苯酚、2,5-二硝基苯酚、2,6-二硝基苯酚、2,4-二硝基苯酚钠。

(6)其他种类。

硝化纤维素、4,6-二硝基-2-氨基苯酚钠、高锰酸钾、高锰酸钠、硝酸胍、水合肼。

3. 易致癌化学品

亚硝胺、黄曲霉素 B_1、3,4-苯并芘、2-乙酰氨基芴、4-氨基联苯、联苯胺及其盐类、3,3-二氯联苯胺、1-萘胺、4-二甲基氨基偶氮苯、2-萘胺、N-亚硝基邻甲胺、乙酰亚胺、氯甲基甲醚、间苯二酚、二氯甲醚等。

4. 毒性化学品

(1)剧毒品。

羰基铁、六氯苯、氰化钠、氢氟酸、氢氰酸、氯化氢、氯化汞、砷酸钾、砷化氢、光气、氟光气、磷化氢、三氧化二砷、有机砷化物、有机磷化物、有机氟化物、有机硼化物、丙烯腈等。

(2)高毒品。

氟化钠、对氯二苯、甲基丙烯腈、偶氮二异丁腈、三氧化磷、五氯化磷、溴乙烷、二乙烯酮、四乙基铅、四乙基锡、苯胺、氯乙酸乙酯等。

(3)中毒品。

苯、四氯化碳、三硝基甲苯、砷化镓、环氧乙烷、烯丙醇、二氯丙醇、糠醛、四氯化硅、硫酸镉、二硫化碳、二甲苯等。

(4)低毒品。

三氯化铝、间苯二胺、正丁醇、乙二醇、丙烯酸、顺丁烯二酸酐、己内酰胺、对氯苯胺、苯乙烯、乙醚、丙酮、邻苯二甲酸等。

附录3 药物合成实验常用仪器及装置

1.玻璃仪器

实验室药物合成实验主要使用的是玻璃仪器,按照用途不同,大致可以分为反应类、冷凝类、漏斗类、蒸馏类、层析类和配件类。

(1)常见反应用玻璃仪器见附表 3-1。

附表 3-1　常见反应用玻璃仪器

序号	名称	图片
常规反应瓶	①单口烧瓶 ②两口烧瓶 ③三口烧瓶 ④四口烧瓶	 ①　②　③　④
开口夹套反应瓶	①三口夹套反应瓶 ②四口夹套反应瓶	 ①　②
Schlenk 反应瓶	①管状 ②瓶状	 ①　②

序号	名称	图片
耐压操作 反应瓶	①Y形管 ②直形管	①　　　②

（2）常见冷凝类玻璃仪器见附表 3-2。

附表 3-2　常见冷凝类玻璃仪器

序号	名称	图片
冷凝管	①空气冷凝管 ②直形冷凝管 ③球形冷凝管 ④蛇形冷凝管	①　②　③　④
冷凝器	①旋蒸立式冷凝器 ②旋蒸卧式冷凝器	①　　② `
冷阱	①具磨口冷阱 ②具球磨口冷阱	①　　② `

（3）常见漏斗类玻璃仪器见附表 3-3。

附表 3-3　常见漏斗类玻璃仪器

序号	名称	图片
分液漏斗	①梨形分液漏斗 ②球形分液漏斗	
滴液漏斗	①滴液漏斗 ②恒压滴液漏斗 ③A 型分水器 ④B 型分水器 ⑤C 型分水器 ⑥D 型分水器	
抽滤漏斗	①三角抽滤漏斗 ②砂芯抽滤漏斗	

（4）常见层析类玻璃仪器见附表 3-4。

附表 3-4　常见层析类玻璃仪器

序号	名称	图片
色谱柱	①具磨口常压色谱柱 ②减压色谱柱 ③常压色谱柱	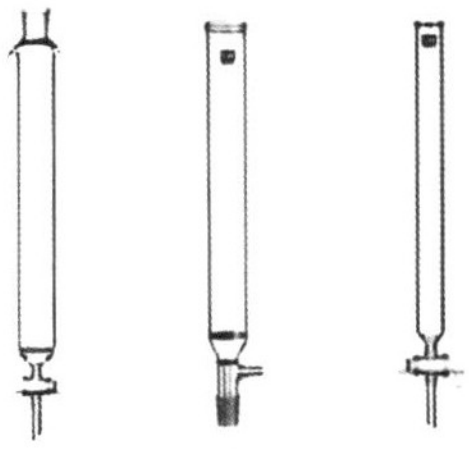 ①　　②　　③
层析溶剂储层瓶	具双钩储液球	
层析缸	①小层析缸 ②单槽层析缸 ③双槽层析缸	 ①　　②　　③

（5）常见接头及弯管类玻璃仪器见附表 3-5。

附表 3-5　常见接头及弯管类玻璃仪器

序号	名称	图片
抽气接头	①90°抽气接头 ②直形抽气接头 ③90°具活塞抽气接头 ④具活塞三通抽气接头	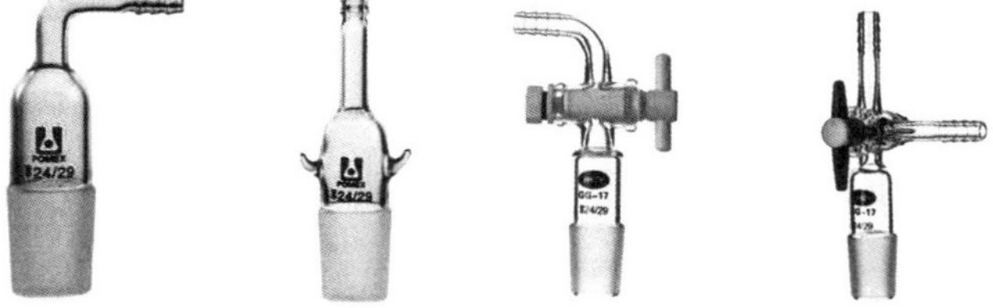 ①　　②　　③　　④

序号	名称	图片
普通接头	①Y 形接头 ②A 型接头（大转小） ③B 型接头（小转大）	 ①　　②　　③
蒸馏类	①蒸馏头 ②蒸馏头弯管 ③克氏分馏头 ④弯形具嘴接收管 ⑤弯形接收管 ⑥真空接收管	 ①　　②　　③ ④　　⑤　　⑥
干燥管类	①U 形干燥管 ②直形干燥管 ③斜形干燥管	 ①　　②　　③

2. 其他仪器

常见反应、分析、干燥仪器见附表 3-6。

附表 3-6　常见反应、分析、干燥仪器

序号	名称	图片
反应仪器	①恒温加热磁力搅拌反应器 ②低温反应器 ③微波反应器 ④高压反应器	 ①　　② ③　　④
分析仪器	①高效液相色谱仪 ②气相色谱仪 ③气质联用仪 ④红外光谱仪 ⑤核磁共振仪 ⑥熔点仪	 ①　　② ③　　④ ⑤　　⑥

序号	名称	图片
干燥仪器	①鼓风式干燥箱 ②真空干燥箱	 ①　　　　　　　　②

附录4 药物合成常用试剂缩略语表

英文缩写	英文全称	中文全称	CAS
Ace	acetone	丙酮	67-64-1
AIBN	azodiisobutyronitrile	偶氮二异丁腈	78-67-1
ALc	ethanol	乙醇	64-17-5
BINAP	1,1′-binaphthyl-2,2′-diphemylphosphine	1,1′-联萘-2,2′-双二苯膦	98327-87-8
t-BuOOH	tert-butyl hydroperoxide	过氧化氢叔丁醇	75-91-2
n-BuOTS	n-butyl tosylate	对甲苯磺酸正丁酯	778-28-9
Bz₂O₂	benzoyl peroxide	过氧化苯甲酰	94-36-0
CDI	N,N′-carbonyldiimidazole	N,N′-羰基二咪唑	530-62-1
DBN	1,5-diazabicyclo[4.3.0]non-5-ene	1,5-二氮杂双环[4.3.0]-5-壬烯	3001-72-7
DBU	1,8-diazabicyclo[5.4.0]undec-7-ene	1,8-二氮杂二环[5.4.0]十一碳-7-烯	6674-22-2
DCE	1,2-dichloroethane	1,2-二氯乙烷	107-06-2
DCC	N,N′-dicyclohexylcarbodiimide	N,N′-二环己基碳酰亚胺	538-75-0
DCU	1,3-dicyclohexylurea	1,3-二环己基脲	2387-23-7
DDQ	2,3-dichloro-5,6-dicyano-1,4-benzo-quinone	2,3-二氯-5,6-二氰基-1,4-苯醌	84-58-2
DEAD	diethyl azodicarboxylate	偶氮二甲酸二乙酯	1972-28-7
Diox	1,4-dioxane	1,4-二氧六环	123-91-1
DMAP	4-dimethylaminopyridine	4-二甲氨基吡啶	1122-58-3
DMF	N,N-dimethylformamide	N,N-二甲基甲酰胺	15175-63-0
DMSO	dimethyl sulfoxide	二甲基亚砜	67-68-5
DPPA	diphenylphosphoryl azide	叠氮磷酸二苯酯	26386-88-9
EDA	ethylenediamine	乙二胺	107-15-3
EDTA	ethylene diamine tetraacetic acid	乙二胺四乙酸	60-00-4
HMPA	hexamethylphosphoramide	六甲基磷酰三胺	680-31-9

英文缩写	英文全称	中文全称	CAS
LAH	lithium aluminium hydride	氢化铝锂	16853-85-3
LDA	lithium diisopropylamide	二异丙基胺基锂	4111-54-0
LHMDS	lithium bis(trimethylsilyl)amide	双三甲基硅基胺基锂	4039-32-1
MBK	methyl isobutyl ketone	甲基异丁基酮	108-10-1
MCPBA	3-chloroperbenzoic acid	间氯过氧苯甲酸	937-14-4
NBA	N-bromo-acetamide	N-溴代乙酰胺	79-15-2
NBS	N-bromo-succinimide	N-溴代丁二酰亚胺	128-08-5
NCS	N-chlorosuccinimide	N-氯代丁二酰亚胺	128-09-6
NIS	N-iodosuccinimide	N-碘代丁二酰亚胺	516-12-1
NMO	4-methylmorpholine N-oxide	N-甲基吗啉氧化物	7529-22-8
PCC	pyridinium chlorochromate	氯铬酸吡啶盐	26299-14-9
PDC	pyridinium dichromate	重铬酸吡啶	20039-37-6
PPA	polyphosphoric acid	聚磷酸	8017-16-1
Py	pyridine	吡啶	110-86-1
TBAB	tetrabutylammonium bromide	四丁基溴化铵	1643-19-2
TCQ	tetrachloro-p-benzoquinone	四氯苯醌	118-75-2
TEA	triethylamine	三乙胺	121-44-8
TEBAC	benzyl triethyl ammonium chloride	三乙基苄基氯化铵	56-37-1
TFA	trifluoroacetic acid	三氟乙酸	76-05-1
TFSA	trifluoromethanesulfonic acid	三氟甲磺酸	1493-13-6
THF	tetrahydrofuran	四氢呋喃	109-99-9
TsOH	p-methylbenzenesulfonic acid	对甲基苯磺酸	104-15-4
Tol	toluene	甲苯	108-88-3
TMSCl	trimethylfluorosilane	三甲基氟硅烷	420-56-4
TsCl	p-toluenesulfonyl chloride	对甲苯磺酰氯	98-59-9
TsOH	p-toluenesulfonic acid	对甲苯磺酸	104-15-4
TsOMe	methyl p-toluenesulfonate	对甲苯磺酸甲酯	80-48-8

参考文献

［1］闻韧.药物合成反应［M］.4 版.北京：化学工业出版社，2017.

［2］金英学.药物合成反应实验［M］.北京：化学工业出版社，2014.

［3］高鸿宾.实用有机化学词典［M］.北京：高等教育出版社，1997.

［4］汪志勇.实用有机化学实验高级教程［M］.北京：高等教育出版社，2016.

［5］郭明.有机化学实验教程［M］.北京：科学出版社，2019.

［6］郭春.药物合成反应实验［M］.北京：中国医药科技出版社，2007.

［7］杜志强.综合化学实验［M］.北京：科学出版社，2007.

［8］徐伟亮.基础化学实验［M］.北京：科学出版社，2007.

［9］宁永成.有机化合物结构鉴定与有机波谱学［M］.北京：科学出版社，2018.

［10］袁存光.高等仪器分析［M］.北京：石油化工出版社，2014.

［11］吕扬.晶型药物［M］.北京：人民卫生出版社，2009.